全国青少年机器人技术等级考试五、六级指定教材

智能硬件项目教程——基于 ESP32

杨晋　曹盛宏　主编
中国电子学会　组稿

U0245386

北京航空航天大学出版社

内 容 简 介

本书通过项目学习(PBL)的方式讲述基于 ESP32 for Arduino 的编程基础知识。本书讲述了 ESP32 for Arduino 的基本函数;结合硬件讲述了数组及位操作,按键消抖;UART 基本知识,库函数和经典蓝牙的应用;I^2C、SPI 的基本原理,库函数的使用;网络及 HTML 基础知识,以 STA 和 softAP 模式建立 WiFi 连接,创建 Web 服务器,并实现远程 HTTP 访问;步进电机的基础知识及梯形加减速运动控制;PID 基础知识,并利用码盘实现小车运动的精确控制。

本书配套学习资源包含 ESP32 for Arduino 系统软件、库、工具软件、学习参考资料,读者可以从 http://www.kpcb.org.cn/h-nd-288.html 免费下载。

本书是全国青少年机器人技术等级考试(五、六级)的指定教材,还可作为非电子类专业智能硬件的入门教材,也可供 ESP32 的初学者和爱好者使用。

图书在版编目(CIP)数据

智能硬件项目教程 :基于 ESP32 / 杨晋,曹盛宏主编. -- 北京 :北京航空航天大学出版社,2020.3

ISBN 978 - 7 - 5124 - 3276 - 5

Ⅰ. ①智… Ⅱ. ①杨… ②曹… Ⅲ. ①机器人—程序设计—教材 Ⅳ. ①TP242

中国版本图书馆 CIP 数据核字(2020)第 037337 号

智能硬件项目教程——基于 ESP32

杨晋 曹盛宏 主编

中国电子学会 组稿

责任编辑 董立娟

*

北京航空航天大学出版社出版发行

北京市海淀区学院路 37 号(邮编 100191) http://www.buaapress.com.cn
发行部电话:(010)82317024 传真:(010)82328026
读者信箱: emsbook@buaacm.com.cn 邮购电话:(010)82316936
北京雅图新世纪印刷科技有限公司印装 各地书店经销

*

开本:710×1 000 1/16 印张:12.75 字数:272 千字
2020 年 6 月第 1 版 2025 年 1 月第 9 次印刷 印数:13001~14000 册
ISBN 978 - 7 - 5124 - 3276 - 5 定价:69.00 元

编委会

编委会组成单位

中国电子学会普及工作委员会
中国电子学会科普培训与应用推广中心
全国青少年电子信息科普创新联盟

编委会人员名单

主　编:杨　晋　曹盛宏
副主编:程　晨　李　涛
编　委:(按拼音排序)

陈锦荣　陈　炜　陈愈容　董　硕　方　明　傅胤荣
何京秋　洪　亮　季　婧　李海龙　李作林　刘霆轩
谭洪政　王海涛　王建军　王　俊　王镇山　王志军
吴艳光　余　翀　张　荣　张永升　朱敬轩　张瑞安

序

　　智能制造是新一代信息技术与工业制造深度融合的必然形态，是我国在未来获得竞争优势，迈入工业制造强国的必由之路。智能设备、传感器、软件、通信、物联网、大数据、人工智能等技术的蓬勃发展，不仅深刻地改变着产业发展，也让我们的社会生活变得更加智能高效、丰富多彩。

　　机器人技术，是衡量一个国家科技创新和高端制造业水平的重要标志。大力推动机器人技术创新与行业发展，关键在于人才的培养。少年强，则国强。通过机器人这一全新载体，不仅要让更多的青少年了解智能化技术的发展，掌握智能硬件与软件的基础技术，更要通过丰富的实践活动，让孩子们在创新中学习，在实践中成长。

　　2003年，中国电子学会受上级委托，启动电子信息技术资格认证工作；2015年，中国电子学会应用同一体系，启动了全国青少年机器人技术等级考试工作，并制定了相应的标准体系和管理规范。这不仅是传播机器人技术的科普活动，也是实现我国青少年信息科技素质全面提升的有益尝试。为了配合等级考试工作的开展，我们通过全国青少年电子信息科普创新联盟，启动了教学系列丛书的编写。该丛书充分适应我国中小学生的认知心理和水平，以当今主流的机器人开源硬件、软件编程、基础电子知识为主要内容，将孩子们引入一个生动有趣、互动性强、实践性强的机器人世界。

中国电子学会普及工作委员会
全国青少年电子信息科普创新联盟
2020年5月

前　言

本书依据全国青少年机器人技术等级考试标准五、六级的要求,采用 Arduino C/C++编程语言,基于 ESP32 开源硬件进行编写,为全国机器人技术等级考试五、六级指定教材。

本书通过项目学习(PBL)的方式综合讲解相关知识,共分为 8 章,各章内容概述如下:

第 1 章讲述 ESP32 的基本特性,包括 GPIO、数字信号输入/输出函数、模拟信号输入/输出函数、触摸传感器、霍尔传感器、中断等内容。

第 2 章通过一位数码管和 4 位数码管,讲述了一维数组、二维数组、双 74HC595 移位寄存器芯片及其级联的工作原理、按键消抖、位操作函数等内容。

第 3 章通过 8×8 点阵和 74HC595 移位寄存器级联模块,讲述了动态显示、视觉暂留、millis()函数、位操作运算符等内容。

第 4 章讲述 UART 串行通信,包括 UART 的基础知识、数据接收和发送、Serial 类库和 string 类库操作函数、报文、EEPROM、经典蓝牙等内容。

第 5 章讲述 I^2C 和 SPI 串行通信,包括 I^2C 和 SPI 的基础知识、I^2C 库、SPI 库,重点讲述了 MPU6050 姿态传感器和 SSD1306 OLED 显示屏的相关知识及库的使用。

第 6 章利用 ESP32 提供的 WiFi 新特性,讲述了网络基础知识、以 STA 和 softAP 模块建立 WiFi 连接、创建 Web 服务器、HTML、Web 服务器控制输出、Web 服务器数据读入等内容。

第 7 章讲述了步进电机的基础知识,依据 AccelStepper 步进电机库讲述了恒速转动、梯形加减速转动等内容。

第 8 章讲述了 PID 的基础知识,重点讲述了利用码盘实现小车运动姿态的精确控制,讲述了 iTEAD APP 的使用。

本书 1～4 章对应等级考试五级相关内容,5～8 章对应等级考试六级相关内容。

　　本书配套学习资源包含 ESP32 for Arduino 系统软件、库、工具软件、学习参考资料,读者可以从 http://www.kpcb.org.cn/h-nd-288.html 免费下载。

　　全国青少年机器人技术等级考试相关信息可登录网站 www.kpcb.org.cn查询。

　　本书由杨晋、曹盛宏主编,中国电子学会组稿。其中,第 1 章、第 2 章、第 5 章、第 7 章、第 8 章由曹盛宏编写,第 3 章、第 4 章由程晨编写,第 6 章由陈锦荣和曹盛宏编写。在本书前期测试使用阶段,很多老师给本书提出了宝贵意见和建议,在此对他们的辛勤付出表示衷心的感谢。

　　本书在编写过程中得到了乐鑫信息科技(上海)股份有限公司的大力技术支持。

　　因编者水平有限,书中错误在所难免,在本书使用过程中,如发现错误或有好的建议,敬请将相关信息发送至邮箱:cshh2008@163.com,以便修正。

编　者

2020 年 5 月

目　　录

第 1 章　初识 ESP32

1.1　ESP32 简介

ESP32 是 Espressif 乐鑫信息科技(上海)股份有限公司(以下简称乐鑫)推出的一款集成度极高的 WiFi&蓝牙双模物联网芯片,拥有双核 32 位 MCU,主频高达 240 MHz。ESP32 专为移动设备、可穿戴电子产品和 IoT 应用设计,广泛应用于平板电脑、无线音箱、摄像头和物联网设备等领域。

基于 ESP32 强大的性能以及乐鑫采取的开源、开放的做法,ESP32 逐渐成为继 Arduino 之后的又一开源的智能硬件平台。

ESP32 芯片具有如下特点:

- 性能稳定,工作温度范围$-40 \sim 125 \, ^\circ\!\text{C}$。
- 高度集成,集成天线开关、功率放大器、滤波器、电源管理模块等功能于一体。
- 超低功耗,省电模式和动态电压调整等。
- WiFi&蓝牙解决方案,提供 WiFi 和双模蓝牙功能。

日常使用的开发板一般采用的是 ESP32 WROOM 芯片模组,如图 1-1 所示。模组集成了 ESP32 芯片、Flash 闪存、天线和其他精密元件。ESP32 WROOM 模组正表面是一个方形的保护罩,保护罩内部是 ESP32 芯片、Flash 闪存及其他相关电路。模组内 Flash 闪存的容量一般为 4 MB。

图 1-1　ESP32 WROOM 芯片模组正面及背面视图

1.2 ESP32 芯片基本性能及外设

ESP32 具有强大的计算能力和丰富的外设,其主要性能如下:
- 32 bit 双核处理器,运算能力高达 600 MIPS;
- 448 KB ROM;
- 520 KB SRAM;
- 34 个输入/输出接口;
- 12 bit 模数转换器(ADC);
- 10 个触摸传感器;
- UART、I^2C 和 SPI 等接口;
- 霍尔传感器;
- 电机 PWM、LEDPWM;
- 数模转换器 DAC;
- WiFi+蓝牙+低功耗蓝牙(BLE)。

1.3 ESP32 WROOM 模组的电气特性

- 工作电压:3.3 V(2.7~3.6 V);
- 模组引脚输出总电流:1100 mA;
- 单个引脚最大输出电流:40 mA。

1.4 基于 ESP32 WROOM 模组的开发板

基于 ESP32 强大的性能和开源开放的特点,国内涌现出众多的开发板和集成开发板,如图 1-2 所示。

(a) Arduino兼容开发板   (b) ESP32兼容开发板

图 1-2   各种 ESP32 主控板

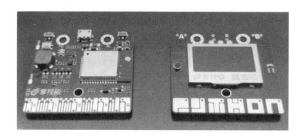

(c) 掌控版　　　　　　　　　　　　　　(d) MixGo

(c) 乐鑫官方开发板ESP32-DevKitC　　　　(f) 本书采用的开发板ESP32-KPCB

图 1-2　各种 ESP32 主控板(续)

1.5　ESP32 for Arduino 软件开发环境安装

ESP32 for Arduino 软件开发环境(Windows)基于 Arduino IDE,适配的 Arduino 版本为 1.8 及以上。

如果自己的计算机中没有安装 Arduino IDE 软件,则可从全国青少年机器人等级考试官方网站下载压缩包 Arduino_1.8.9_ESP32. zip,直接解压缩即可使用。该压缩包已经包含了 ESP32 for Arduino 及相关的库。全国青少年机器人等级考试官方网站的下载链接为 http://www. kpcb. org. cn/h-nd-288. html。

对于已经安装 Arduino IDE 的计算机,则可以采取如下 3 种方式安装 ESP32 for Arduino 开发环境。

安装方式一:离线安装

安装步骤如下:

① 下载离线版本 espressif. zip。

② 将 espressif. zip 复制到 Arduino 软件安装文件夹下的 hardware 文件夹,右击鼠标,在弹出的级联菜单中选择"解压到 espressif \"完成安装,如图 1-3 所示。

③ 打开 Arduino 软件。选择"工具→开发板→ESP32 Dev Module"菜单项即可,如图 1-4 所示。

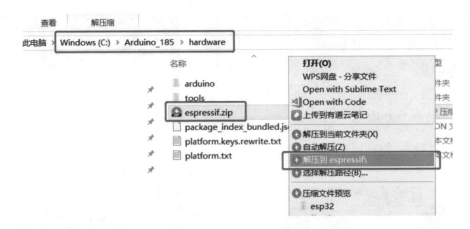

图 1 - 3 espressif. zip 文件解压示意

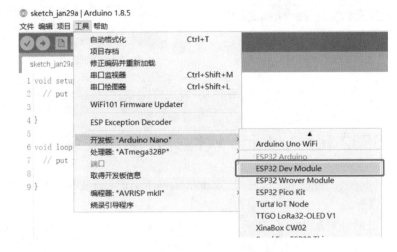

图 1 - 4 ESP32 主控板类型

方式二：使用 Arduino IDE 的开发板管理器来安装

安装步骤如下：

① 打开 Arduino，选择"文件→首选项"菜单项，则弹出如图 1 - 5 所示对话框，在"附加开发板管理器网址"文本框中输入如下内容：

```
https://dl.espressif.com/dl/package_esp32_index.json
```

如果该文本框中有其他内容，则在现有内容后添加";"后再输入上述内容。

② 选择"工具→开发板→开发板管理器"菜单项，则弹出如图 1 - 6 所示对话框，在"类型"文本框中输入 esp，选择 esp32 by Espressif Systems，单击"安装"。

图 1-5 Arduino IDE 首选项对话框

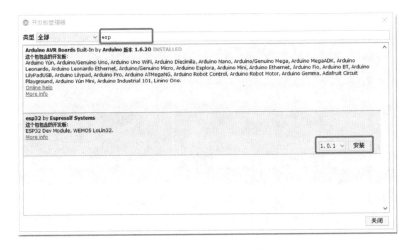

图 1-6 Arduino IDE 开发板管理对话框

③ 重新启动 Arduino,选择"工具→开发板→ESP32 Dev Module"菜单项即可,如图 1-4 所示。

方式三:使用 git 工具安装

这种方式的详细安装步骤可参考链接 https://github.com/espressif/arduino-esp32/blob/master/docs/arduino-ide/windows.md。

可见,方式一是离线安装,相对便捷;方式二和方式三由 ESP32 官方提供,为在线安装,需要联网,如果网络不好,则可能不能正常安装。3 种安装方式所安装的软件文件夹不完全一致,安装时选择其中一种进行安装,以免冲突。

1.6　ESP32 开发板驱动安装

ESP32 开发板种类很多,不同的开发板采用不同的串口驱动芯片,须根据开发板使用的串口驱动芯片型号安装相应的驱动程序。下面介绍常用驱动芯片 CP210X 的驱动程序安装步骤,步骤如下:

① 驱动下载。可以从全国青少年机器人等级考试官方网站下载,地址为 http://www.kpcb.org.cn/h-nd-288.html。

② 选择相应的 Windows 版本并解压,再根据 Windows 系统 32 位或 64 位选择相应文件双击执行即完成驱动安装。

1.7　学习平台搭设

使用主控板之前,须先安装一个亚克力保护底板,以预防短路,安装方式如图 1 - 7 所示。

图 1 - 7　学习平台安装示意图

1.8　Hello World!

ESP32 除了具备 Arduino 的全部功能以外,还集成了 WiFi 和蓝牙功能。本节将介绍的"Hello World!"项目就简单运行了 ESP32 所提供的例程,该例程用于显示周边可用的网络连接。本项目实现步骤如下:

① 将 ESP32 开发板通过 USB 数据线和计算机连接。

② 选择主板类型和对应的端口号,如图 1 - 8 所示。

③ 选择"文件→示例→WiFi→WiFi Scan"菜单项。

图 1-8　主板类型选择示意图

④ 单击"上传"按钮,提示栏显示"上传成功"。打开串口监视器,设置波特率为115 200,则串口监视器界面提示搜索到 12 个可用连接,并根据信号强度依次显示每个连接的 SSID 名称,如图 1-9 所示。

图 1-9　WiFi Scan 程序运行界面

ESP32 for Arduino 配套了丰富的例程,通过这些例程可以了解 ESP32 的功能特性,读者可以阅读备注说明并上传,从而了解 ESP32 更多的功能特性。

ESP32 for Arduino 延续了三、四级学习的 Arduino 基本操作函数和基本概念,也有一些细微的差别,本章后续将讲述 ESP32 的基本功能特性。

注意:在程序上传时,系统会使用 D2 引脚,如果此时 D2 引脚连接按键开关模块,上拉或下拉到高电平或低电平,则程序不能正常上传,须先移开按键模块,待程序上传成功后再连接。

1.9　ESP32 引脚说明

图 1-10 是乐鑫 ESP32-DevKitC-V2(r1.0)开发板的引脚功能示意图。和三、四级使用的 Arduino Uno/Nano 主控板不同的是,ESP32 开发板的引脚排列不是按照序号顺序排列,使用过程中要注意对应引脚的 GPIO 编号。

ESP32-DevKitC-V2(r1.0)开发板一共有 38 个引脚。除去电源引脚外,可用的 I/O 引脚为 34 个。在引脚映射图中有 6 个引脚标识有红色的" * ",分别为 GPIO6、7、8、9、10、11。这 6 个引脚常用于读/写闪存 Flash,一般情况下不使用。

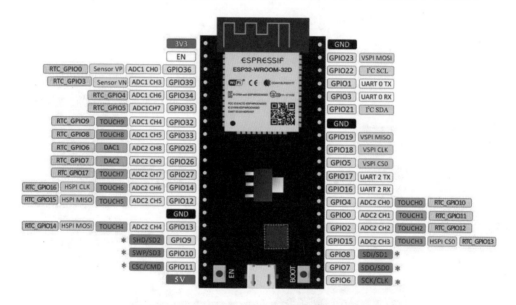

图 1-10　ESP32-DevKitC-V2(r1.0)开发板的引脚功能示意

开发板有两个按键 EN 和 BOOT,其功能如下:

- EN 按键:按下该按键,则 ESP32 模组重新启动。
- BOOT 按键:先按下 BOOT 按键,再按下 EN 按键,则 ESP32 模组重新启动并进入编程模式。

很多其他型号开发板的引脚排列顺序可能不完全一致,但相同编号的引脚的功能是一致的。常见的开发板的引脚数量为 36Pin 和 30Pin,其中,30Pin 的开发板没有将读/写 Flash 的 6 个引脚引出来。

在 34 个引脚中,除了 6 个 Flash 读/写引脚、EN 和 BOOT 按键引脚以及 UART0 引脚,实际可用的引脚为 23 个,对应的引脚号为 2、4、5、12、13、14、15、16、17、18、19、21、22、23、25、26、27、32、33、34、35、36、39。

1.10　ESP32 - KPCB 专用开发板

　　为了更加方便学习及电路搭设,本书开发了专用的学习板。该学习板将 ESP32 所有可用的引脚引出来,同时给每个引脚配备了电源,将本书要学习的 I²C 和 SPI 引脚单独引出。为了学习方便,单独配备了 I²C 接口的可插拔 OLED 显示屏以及两路电机驱动接口,并将开发板指示灯连接到 GPIO12 引脚,引脚标志如图 1 - 11 所示。

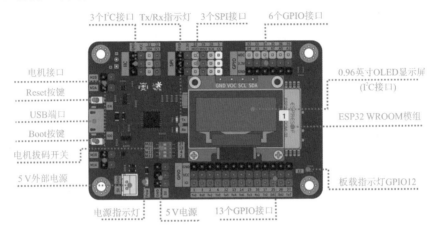

图 1 - 11　ESP32 - KPCB 开发板引脚示意图

1.11　普通开发板使用

　　使用其他类型的开发板进行学习时,一般需要和面包板配合使用。由于一般开发板使用的是 ESP32 模组,从而导致开发板引脚的间距稍大,普通的单块面包板不能满足要求,所以需要两块面包板配合使用,将其中一块面包板的边缘电源部分去除后和另外一块面包板连接,如图 1 - 12 所示。

图 1 - 12　ESP32 标准开发使用示意图

1.12 ESP32 数字信号读/写操作

1.12.1 ESP32 数字信号操作函数

与 Arduino AVR 主控芯片一样,ESP32 的数字信号读/写函数分别为:pinMode()、digitalRead()、digitalWrite()。

详细说明如下:

```
pinMode (pin,mode);
```

功能:设置引脚的工作模式。

返回值:无。

pin:开发板 23 个引脚均可以作为数字输入引脚使用,除 34、35、36、39 外均可以作为数字输出引脚使用。引脚 34、35、36、39 作为数字输入引脚时,不能设置为上拉和下拉模式。

mode:INPUT、OUTPUT、INPUT_PULLUP、INPUT_PULLDOWN

INPUT:输入模式。

OUTPUT:输出模式。

INPUT_PULLUP:内部上拉模式。

INPUT_PULLDOWN:内部下拉模式。

```
digitalRead (pin);
```

功能:从指定引脚读取外部输入的数字信号。

返回值:当外部输入高电平时,返回值为 1;当外部输入低电平时,返回值为 0。

pin:开发板 23 个引脚均可以作为数字输入引脚使用。当引脚 34、35、36、39 作为数字输入引脚时,如果模式设置为上拉和下拉模式,则没有返回值。

```
digitalWrite (pin,value);
```

功能:向指定引脚输出高低电平数字信号。

返回值:无。

pin:开发板 23 个引脚中,除 34、35、36、39 这 4 个引脚以外的其他引脚。

value:HIGH 或者 LOW。HIGH 值为 1,代表高电平;LOW 值为 0,代表低电平。

1.12.2 数字信号读/写示例

示例任务:一个基本的按键开关控制 LED 灯的小项目,这里通过设置内部下拉的方式来获取按键值。

所需器件：■ 按键开关　　1个
　　　　　 ■ LED 灯　　　1个
　　　　　 ■ 100 Ω 电阻　1个
　　　　　 ■ 杜邦线　　　若干

电路搭设：模块连接如图 1-13 所示，电路原理图如图 1-14 所示。

图 1-13　按键控制 LED 灯模块连接图

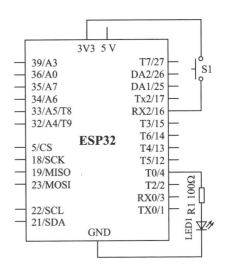

图 1-14　按键控制 LED 灯电路原理图

程序编写：

```
1   const int switchPin = 16;                        //指定按键连接引脚为 GPIO16
2   const int ledPin = 4;                            //指定 LED 灯连接引脚为 GPIO4
3
4       void setup () {
5       pinMode (switchPin,INPUT_PULLDOWN);          //设置 GPIO16 为内部下拉输入
6       pinMode (ledPin, OUTPUT);                    //设置 GPIO4 为输出
7       Serial.begin (9600);                         //设置串口波特率
8   }
9
10  void loop () {
11      int val = digitalRead (switchPin);           //获取按键值
12      Serial.println (val);                        //按键值输出
13      if (val == 1)                                //判断按键开关按下
14          digitalWrite (ledPin, HIGH);             //LED 灯点亮
15      else
16          digitalWrite (ledPin, LOW);              //LED 灯熄灭
17  }
```

程序运行：程序中,设置按键开关连接引脚 GPIO16 为内部下拉输入模式。上传成功后,按下按键,并打开串口监视器,当按键断开时,显示值为 0;当按键闭合时,显示值为 1。

1.13 ESP32 模拟信号读/写操作

和 Arduino 一样,ESP32 的模拟信号读取函数为 analogread()函数,默认的返回值为 0~4 095。Arduino UNO 模拟输出通过 PWM 实现,对应的函数是 analog-Write(),该函数在当前版本中没有提供。ESP32 芯片提供了 3 种模拟输出方式,不同方式对应不同的输出函数,这 3 类模拟输出方式分别为：

- LEDC：基于 PWM 调制的 16 通道模拟输出；
- SigmaDelta：基于 SigmaDelta 调制的 8 通道模拟输出；
- DAC：硬件(DAC)实现的 2 个通道的模拟输出。

本书主要介绍基于 LEDC 和 DAC 的模拟输出。

1.13.1 模拟信号输入函数

ESP32 的 ADC 模块的分辨率为 12 位,所以模拟输入函数的返回值在 0~4 095 之间。由于 ESP32 的工作电压是 3.3 V,当模拟输入函数的返回值为 4 095 时,对应的工作电压是 3.3 V;返回值为 0 时,对应的工作电压是 0 V。ESP32 的 ADC 模块返回值的线性度不是很好,当电压小于 0.1 V 时,返回值均为 0;电压大于 3.2 V 时,返回值均为 4 095,如图 1-15 所示。

关于模拟信号输入,ESP32 提供了两个函数,分别是 analogRead()及 analogSet-Width()。

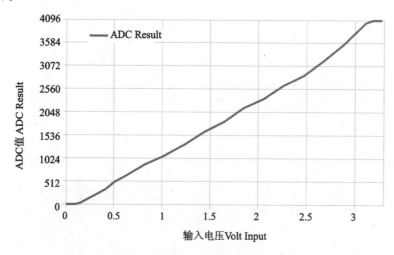

图 1-15 ADC 值的线性度曲线

函数的详细说明如下：

analogRead(pin);

功能：从指定引脚读取模拟信号，获取返回值。

返回值：ADC 的精度是 12 bit，默认范围 0～4 095 之间，对应电压 0～3.3 V。

pin：共 15 个模拟输入引脚，分别为 A0、A3、A4、A5、A6、A7、A10、A12～A19，分别对应引脚为 36、39、32、33、34、35、4、2、15、13、12、14、27、25、26。当打开 WiFi 功能时，建议仅使用 A0、A3、A4、A5、A6、A7 这 6 个引脚作为模拟输入。

analogSetWidth(bits);

功能：设置 analogRead()函数的取样分辨率。

bits：取值范围 9～12。当设为 9 时，analogRead()函数的返回值范围 0～511 之间。

1.13.2　模拟信号输入示例

示例任务：读取电位器返回值。设置不同的取样分辨率时，返回值的范围不同。

所需器件：■　电位器模块　　　1 个

　　　　　■　3P 数据线　　　　1 根

电路搭设：模块连接如图 1 - 16 所示，电路原理图如图 1 - 17 所示。

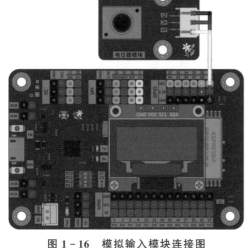

图 1 - 16　模拟输入模块连接图

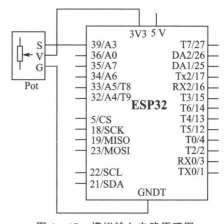

图 1 - 17　模拟输入电路原理图

程序编写：

```
1    const int potPin = A3;                    //电位器连接 A3(GPIO39)
2
3    void setup() {
```

```
4   Serial.begin(9600);                    //设置串口波特率
5     analogSetWidth(9);                   //设置模拟输入分辨率9,返回值0～511
6   }
7
8   void loop() {
9       int potVal = analogRead(potPin);   //获取模拟输入值
10      Serial.println(potVal);            //输出值到串口监视器
11    }
```

程序运行：上传程序,打开串口监视器,旋转电位器,观察值的变化。修改函数 analogSetWidth()分辨率的值,查看返回值结果。

1.13.3　模拟信号输出函数——基于 LEDC

与 Arduino UNO 主控板 PWM 直接从引脚输出不同,ESP32 实现 PWM 模拟输出的载体是"通道 Channel",一共有 16 个通道,编号 0～15。为了实现 PWM 输出,先设置指定通道的 PWM 参数:频率、分辨率、占空比,然后将该通道映射到指定引脚;该引脚输出对应通道的 PWM 信号,通道和引脚的关系如图 1-18 所示。

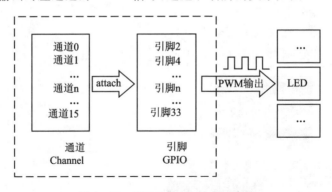

图 1-18　LEDC PWM 输出示意图

LEDC(LED Control)是基于 PWM 调制实现模拟输出。ESP32 提供了如下 6 个函数:ledcSetup()、ledcAttachPin()、ledcDetachPin()、ledcWrite()、ledcWriteTone()、ledcWriteNote()。其中,ledcSetup()和 ledcAttachPin()是初始化设置函数。ledcWrite()是 PWM 输出函数,功能类似三、四级学过的 analogWrite()函数,调用该函数前必须先进行初始化参数设置。ledcDetachPin()是关闭引脚的 PWM 输出。ledcWriteTone()和 ledcWriteNote()是 PWM 音频输出,类似以前学习的 tone()函数。

函数的详细说明如下:

```
ledcSetup(channel, freq, bit_num);
```
功能:设置指定 LEDC 通道参数。

返回值:无。

channel:PWM 通道,有 0～15 共 16 个通道。

freq:设置 PWM 的频率。

bit_num:占空比的分辨率,范围 1～16。如设置为 8 位的分辨率,则控制 LED 的亮度从 0～255 变化。

PWM 频率的最大值和分辨率的设置值相关联。当频率为 5 000 Hz 时,对应的最大占空比的分辨率为 13。当占空比的分辨率为 1 时,频率的最大取值到 40 MHz。当占空比的分辨率为 16 时,频率的最大取值到 1 200 Hz。

ledcAttachPin(pin, channel);

功能:将指定通道 channel 上产生的 PWM 信号输出到 GPIO 引脚。

返回值:无。

pin:开发板 23 个引脚中,除 34、35、36、39 这 4 个引脚以外的其他 19 个引脚。

channel:PWM 通道,一共有 0～15 共 16 个通道。

ledcDetachPin(pin);

功能:取消指定引脚 pin 的 PWM 信号输出。

返回值:无。

ledcWrite(channel, duty);

功能:向指定通道(channel)输出指定占空比(duty)的 PWM 信号。

返回值:无。

channel:PWM 通道,一共有 0～15 共 16 个通道。

duty:指定占空比数值。

ledcWriteTone(channel, freq)

功能:向指定通道(channel)输出指定频率(freq)的音符信号,类似以前学习过的 tone()函数。

channel:PWM 通道,一共有 0～15 共 16 个通道。

freq:指定频率。

ledcWriteNote(channel, note, octava)

功能:向指定通道(channel)输出指定的音符和音阶的声音,是对 ledcWrite-Tone()函数的进一步封装。

channel:PWM 通道,有 0～15 共 16 个通道。

note:音符。相当于 do、re、mi...,系统预定义的音符有 NOTE_C、NOTE_Cs、NOTE_D、NOTE_Eb、NOTE_E、NOTE_F、NOTE_Fs、NOTE_G、NOTE_Gs、NOTE_A、NOTE_Bb、NOTE_B、NOTE_MAX。

octava:音阶。octava 取值范围 0～7。

1.13.4　模拟信号输出函数示例——基于 LEDC

示例任务：完成一个呼吸灯的示例程序，通过一个通道（channel）控制两个 LED 灯同时变化。

所需器件：■　LED 灯模块　　2 个

　　　　　■　3P 数据线　　　2 根

电路搭设：模块连接如图 1－19 所示，电路原理图如图 1－20 所示。

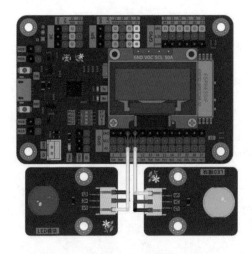

图 1－19　模拟输出模块连接图

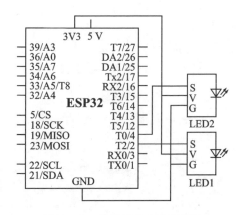

图 1－20　模拟输出电路原理图

程序编写：

```
1   const int ledPin1 = 2;                          //指定 LED 灯连接引脚为 GPIO2
2   const int ledPin2 = 4;                          //指定 LED 灯连接引脚为 GPIO4
3   //PWM 参数定义
4   const int freq = 5000;                          //PWM 的频率
5   const int ledChannel = 0;                       //PWM 的通道号
6   const int resolution = 8;                       //PWM 的分辨率,0～255
7
8   void setup() {
9       //设定通道 0 的 PWM 输出参数
10      ledcSetup(ledChannel, freq, resolution);
11
12      ledcAttachPin(ledPin1, ledChannel);         //将通道 0 和 GPIO2 建立关联
13      ledcAttachPin(ledPin2, ledChannel);         //将通道 0 和 GPIO4 建立关联
14  }
```

```
15
16  void loop() {
17      for (int i = 0; i <= 255; i += 5) {       //循环实现由暗到亮
18      ledcWrite(ledChannel, i);                 //向通道 0 写入指定值
19      delay(50);
20  }
21      for (int i = 255; i >= 0; i -= 5) {       //循环实现由亮到暗
22      ledcWrite(ledChannel, i);                 //向通道 0 写入指定值
23      delay(50);
24  }
25  }
```

程序运行：上传程序,观察 LED 的显示效果。修改程序第 5 行中的分辨率为其他数值并上传程序,这时查看 LED 的显示效果。

1.13.5　模拟信号输出函数——基于 DAC

与模拟输入 ADC 器件对应,ESP32 集成了 DAC 模块,提供了 2 通道的硬件模拟输出功能,对应引脚为 25 和 26。

ESP32 提供的操控函数为 dacWrite(),详细如下:

dacWrite(pin,value);

功能:通过硬件 DAC 模块实现模拟输出,其中,DAC 模块的精度为 8 位。

返回值:无。

pin:DAC 输出引脚,仅 25 和 26。使用该函数时,不需要 pinMode 进行引脚模式设置。

value:模拟输出值,0~255。

1.14　电容触摸传感器

ESP32 提供了电容触摸传感器(Touch Sensor)功能,当人体和 ESP 引脚触碰时会引起电容值的变化,ESP32 返回当前引脚的电容值。ESP32 还提供了相应的中断调用函数,当引脚的电容值小于设定的阈值时,则执行相应的中断回调函数。

关于电容触摸传感器,ESP32 提供了两个函数,分别是 touchRead()及 touchAttachInterrupt()。

函数的详细说明如下:

touchRead(pin);

功能:返回指定引脚的电容传感器的值。当该引脚发生触碰时,返回值变小。

pin:电容触摸引脚。ESP32 模组有 T0、T2～T9 共 9 个 Touch 引脚可供使用,分别对应 4、2、15、13、12、14、27、33、32 引脚。使用该函数时,不需要 pinMode 进行引脚模式设置。

返回值:返回值 0～255 之间。

touchAttachInterrupt(pin, TSR, threshold)

功能:设置触摸中断回调函数。当指定引脚的返回值低于 threshold 时,调用中断函数 TSR。

返回值:无。

pin:电容触摸引脚。ESP32 模组有 T0、T2～T9 共 9 个 Touch 引脚可供使用,分别对应 4、2、15、13、12、14、27、33、32 引脚。

TSR:中断回调函数。中断回调函数 TSR 不携带参数,不能有返回值。

threshold:触摸中断响应阈值。当引脚的返回值低于 threshold 时,调用中断函数 TSR。

1.15　电容触摸传感器示例

示例任务:采用杜邦线和 T0 引脚相连接,引出的一段为公头,如有铝片,将铝片包裹杜邦公头,以增加接触面。通常,程序获取当前触碰传感器的值,并设定触碰中断;当传感器的返回值低于 40 时,触发中断函数,并显示触发信息。

所需器件:■　杜邦线　　　　1 根
　　　　　■　铝片(可选)　　1 块

电路搭设:模块连接如图 1 - 21 所示,电路原理图如图 1 - 22 所示。

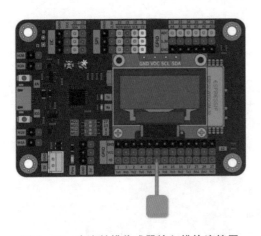

图 1 - 21　电容触摸传感器输入模块连接图

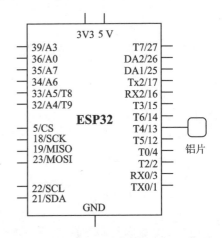

图 1 - 22　电容触摸传感器输入电路原理图

程序编写：

```
1   const int threshold = 40;              //设置阈值为 40
2   const int touchPin = T4;               //指定 T4 引脚(GPIO13)
3   bool touchDetected = false;            //设置状态变量,传递是否触发
4
5   void gotTouch() {                      //回调函数
6     touchDetected = true;                //设置值为真
7   }
8
9   void setup() {
10    Serial.begin(115200);                //设置波特率
11    //设置 T4 引脚,当返回值小于 40 时,调用 gotTouch 函数
12    touchAttachInterrupt(touchPin, gotTouch, threshold);
13  }
14
15  void loop() {
16      int touchVal;
17      touchVal = touchRead(touchPin);    //获取 T4 引脚的返回值
18      Serial.print("value: ");
19      Serial.println(touchVal);
20      if (touchDetected) {               //如果触发,显示信息
21          touchDetected = false;
22          Serial.println("Touch  detected");
23      }
24      delay(200);
25  }
```

程序运行：上传程序，打开串口监视器，并用手接触杜邦线的公头，则串口监视器显示界面如图 1-23 所示。

图 1-23　电容传感器程序运行示意

1.16 霍尔传感器

ESP32 集成了霍尔传感器,霍尔传感器位于 ESP32 模组的中间位置,如图 1-24 所示。霍尔传感器的工作原理是霍尔效应,利用霍尔效应能检测周边磁场的强度变化,周边的磁场越强,输出的值越大。利用霍尔传感器磁感应特性,可以用于计数、接近检测、位置控制等情况。

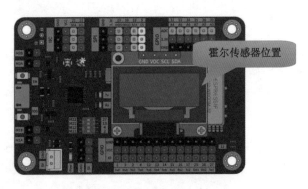

图 1-24 霍尔传感器位置示意

关于霍尔传感器,ESP32 提供的函数为 hallRead(),函数的详细说明如下:

hallRead();

功能:检测当前的磁场强度。该函数没有参数,霍尔传感器调用引脚 36 和 39,当使用霍尔传感器的功能时,这两个引脚不要另作他用。

返回值:当传感器和磁场正极接近时,返回值为整数;当和磁场负极接近时,返回值为负数。

1.17 霍尔传感器示例

示例任务:拿一磁铁靠近 ESP32 模块的霍尔传感器,分别检测磁铁正负极靠近时霍尔传感器的返回值,如图 1-25 所示。

所需器件:■   小磁铁   1 块

程序编写:

```
1   void setup() {
2       Serial.begin(115200);                    //串口波特率设置
3   }
4
5   void loop() {
```

```
6        int hallVal = hallRead();//读取霍尔传感器的值
7        Serial.println(hallVal);  //将返回值输出
8    }
```

　　程序运行：上传程序,打开串口监视器,磁铁的正负极分别靠近霍尔传感器时,串口监视器显示如图 1 - 25 所示。

图 1 - 25　磁铁接近霍尔传感器时,返回值示意图

1.18　外部中断

　　三、四级教材中讲述控制系统的工作流程为:感受变化→分析判断→做出反应。感受变化就是读取一个或多个传感器的值,分析判断是根据读取的传感器的值及预先设定的程序进行数据处理,做出反应是及时将程序运算的结果反馈给执行器执行。为了随时根据传感器的变化而做出反应,程序需要不断重复这个过程,这种处理的方式称为轮询。

　　但轮询有时不能很好地完成上述过程,如按钮输入,当按钮被按下的瞬间,如果主应用程序正在做某些事情,则有可能没有检测到按钮的按下动作,此时系统就成了无法正常响应的系统了。可以通过给按键适配外部中断,从而很好地避免上述问题的发生。

1.18.1　中断程序

　　外部中断是由外部设备发起请求的中断。每个中断对应一个中断程序,中断程序可以看作一段独立于主程序之外的程序,也称作中断回调函数。当中段被触发时,控制器会暂停当前正在运行的主程序,而跳转去运行中断程序。当中断程序运行完毕,则返回到先前主程序暂停的位置,继续运行主程序,如此便可达到实时响应处理事件的效果。中断程序运行示意如图 1 - 26 所示。

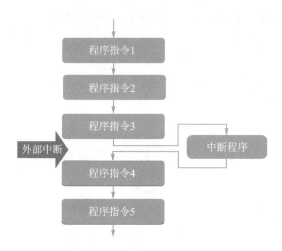

图 1 - 26　中断程序执行示意图

1.18.2　中断触发模式

ESP32 的中断触发模式有 5 种,如表 1 - 1 所列。

表 1 - 1　ESP32 中断模式说明表

序　号	中断触发模式	说　明	示意图
1	RISING	上升沿触发,即由低电平变高电平时触发	
2	FALLING	下降沿触发,即由高电平变低电平时触发	
3	CHANGE	电平变化触发。即高电平变低电平或低电平变高电平时触发	
4	ONLOW	低电平触发,即当前为低电平时触发	
5	ONHIGH	高电平触发,即当前为高电平时触发	

1.18.3　中断触发函数

ESP32 for Arduino 提供了两个中断函数,用于对中断引脚进行初始化设置和关闭外部中断。中断函数详细说明如下:

```
attachInterrupt( pin, function, mode);
```
功能:指定中断引脚,并对中断引脚进行初始化设置。

返回值:无返回值。

pin:欲设置中断触发输入的引脚。所有 23 个引脚均可以作为中断引脚使用。

function:中断回调函数。当引脚中断触发时,则会终止当前运行的程序,转而执行该函数。注意,中断回调函数不能有参数,且没有返回值。

mode:5 种中断触发模式,如表 1-1 所列。

```
detachInterrupt( pin );
```
功能:关闭指定引脚的中断功能。

返回值:无返回值。

1.18.4　外部中断示例（一）——按键计数显示

示例任务:通过单击按键模块来切换高低电平作为外部中断触发中断程序,在程序中设置不同的中断触发模式,观看程序中全局变量计数器数值的变化。

所需器件:■　按键模块　　1 个

　　　　　■　3P 数据线　　1 根

电路搭设:模块连接如图 1-27 所示,电路原理图如图 1-28 所示。

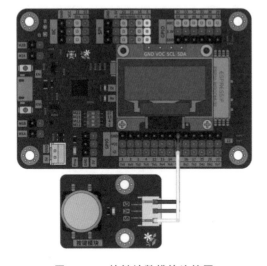

图 1-27　按键计数模块连接图

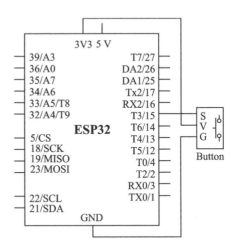

图 1-28　按键计数电路原理图

程序编写:

```
1  const int keyPin = 15;        //按键连接 GPIO15 引脚
2  int num = 0;                  //设置全局变量用于计数
3  boolean flag = false;         //设置状态变量
```

```
4
5   void setup() {
6       Serial.begin(115200);
7       pinMode(keyPin, INPUT);
8       attachInterrupt(keyPin, echo, CHANGE);        //初始化中断引脚 ❶
9   }
10
11  void loop() {
12      if (flag) {
13          Serial.println( num );                    //将计数值输出值串口监视器
14          num = 0;                                  //清零
15      }
16      flag = false;
17  }
18
19  void echo() {                                     //中断函数
20      flag = true;                                  //状态变量为真
21      num ++ ;                                      //累加
22  }
```

程序运行：上传程序，并打开串口监视器窗口，单击按键，查看串口监视器中显示数的大小和次数。将程序行 8 中的中断触发模式分别修改为 RISING、FALLING、ONHIGH、ONLOW，重新上传程序，查看并思考串口监视器数的变化。

当中断触发模式为 CHANGE、RISING、FALLING 时，串口监视器显示的是变化的值，如图 1-29 所示。为什么会出现这种情况呢？这是因为按键在按下和释放的瞬间，按键内金属簧片接触是一个连续通断的过程，一般称之为抖动。如图 1-30 所示。抖动分为前沿抖动和后沿抖动。为了确保主控板对一次按键的操作仅做一次处理，则必须要进行消抖处理。按键消抖将在第 2 章讲解。

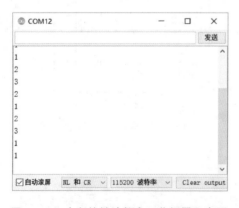

图 1-29   中断按键计数串口监视器示意图

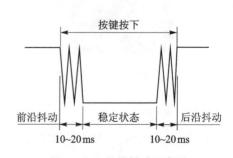

图 1-30   按键抖动示意图

1.18.5　外部中断示例（二）——入侵检测仪

示例任务：通过热释电模块检测是否有人进入，如果有人进入，则板载 LED 灯闪烁。

所需器件：■　热释电模块　　1 个
　　　　　■　3P 数据线　　2 根

热释电模块简介：热释电模块如图 1 – 31 所示，它是一种能检测人或动物发射的红外线而输出电信号的传感器，由白色的菲尼尔透镜和透镜内部的红外感应模块组成。

图 1 – 31　热释电模块图示

不同模块的工作方式不太一样，图 1 – 31 的热释电模块用于检测运动的红外线发射体，扫描频率 2 秒钟一次。

红外线是一种我们肉眼看不见的光，最显著的特性是具有热效应，也就是说，所有高于绝对零度的物质都可以产生红外线。热释电模块利用菲尼尔透镜将人体发出的红外线聚焦到红外感应模块，经过比较放大电路处理后，最终输出高低电平信号。

读者可以编程读取热释电模块的返回值。当图 1 – 31 所示热释电模块检测到运动的红外线发射体时，则返回高电平，否则返回低电平。

电路搭设：模块连接如图 1 – 32 所示，电路原理图如图 1 – 33 所示。

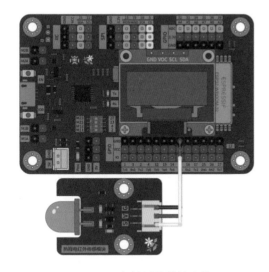

图 1 – 32　入侵检测仪模块连接图

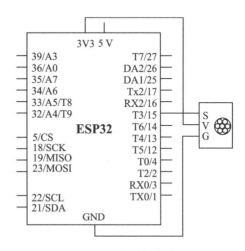

图 1 – 33　入侵检测仪电路原理图

程序编写：

```
1   const int pirPin = 15;                              //按键连接 GPIO15 引脚
2   const int ledPin = 12;                              //板载小灯连接 GPIO12 引脚
3   boolean flag = false;                               //设置状态变量
4
5   void setup() {
6       pinMode(pirPin, INPUT);
7       pinMode(ledPin, OUTPUT);
8       attachInterrupt(pirPin, PIR_Detect, CHANGE);    //中断初始化
9   }
10
11  void loop() {
12      if (flag)
13          digitalWrite(ledPin, HIGH);
14      else
15          digitalWrite(ledPin, LOW);
16  }
17
18  void PIR_Detect() {                                 //中断函数
19      flag = ! flag;                                  //状态变量取反
20  }
```

程序运行：上传程序，在热释电模块前移动身体，则 ESP32 扩展板板载 LED（GPIO12）点亮；当身体静止时，板载 LED 灯熄灭。

1.19 Serial. printf( )函数

Arduino C 是 C/C++语言的混合。ESP32 for Arduino 提供了 C 语言中常用的 printf()函数，可以方便地进行数据输出。

```
Serial.printf( char * format, ...);
功能:输出一个字符串,或者按指定格式和数据类型输出若干变量的值。
返回值:输出字符的个数。
```

printf()函数的使用例程如下,结果如图 1 - 34 所示。

```
1   void setup() {
2       int i = 2;
3       float j = 3.5;
4       char c = 'C';
5       Serial.begin(115200);
6       while(! Serial);
7       Serial.print("j = ");
8       Serial.println(j);
9       Serial.printf("value of i,j,c\n");
```

```
10      Serial.printf("i = % d \n", i);
11      Serial.printf("j = % f \n", j);
12      Serial.printf("c = % c \n", c);
13      Serial.printf("i = % d j = %.3f c = % c\n", i, j, c);
14  }
15  void loop()
16  {}
```

程序中 printf( )函数中%d、%c、%f 为格式字符,\n 为转义字符。常用的格式字符含义如表 1-2 所列。

图 1-34　printf( )函数输出示意图

表 1-2　printf( )函数常用格式字符及转义字符表

格式字符/转义字符	说　明
%o	八进制整数输出
%d	十进制整数输出
%x	十六进制整数输出
%f	浮点输出,默认小数点 6 位
%c	单个字符输出
%s	字符串输出
\n	换行
\r	回车
\t	Tab 符

本章介绍了 ESP32 for Arduino 的基本 I/O 功能函数,和 Arduino for AVR 相比,功能更加丰富。注意,由于部分器件在使用过程中需要调用系统的时钟等其他外设,所以原来在 Arduino AVR 平台下可以使用的库在 ESP32 平台下却不再可以使用,如舵机 Servo 库。相关的库请到全国青少年机器人等级考试官方网站下载,下载

链接为 http://www.kpcb.org.cn/h-nd-288.html。

1.20　思考题

1. 了解 ESP32 的基本性能及其外设。

2. ESP32 的工作电压是多少？

3. ESP32 开发板 EN 按键和 Boot 按键的作用是什么？

4. ESP32 开发板数字引脚有哪些工作模式？

5. ESP32 模拟输出分别有哪几种方式？采用 LEDC 模拟输出的步骤是什么？

6. 如何在多个引脚实现同步模拟输出？

7. ESP32 模拟输入 ADC 模块的精度是多少位？模拟数据返回值和电压是线性关系吗？常用的模拟输入引脚有哪些？

8. 函数 analogSetWidth 的取样精度范围是多少？

9. ESP32 DAC 模拟输出值的范围是多少？

10. ESP32 电容触摸传感器的中断回调函数是什么？

11. ESP32 霍尔传感器的返回值和外磁场强度之间的关系是什么？

12. ESP32 有几种中断触发模式？中断回调函数是什么？

13. printf 函数输出八进制、十进制、十六进制整数、浮点数、字符、字符串对应的格式字符是什么？

14. printf 回车和换行的转义字符是什么？

第 2 章　数码管计时器

现在很多家电设备,如热水器、电饭锅,都有数码功能显示,其中,大部分数码显示基本元器件是数码管。本章介绍如何使用数码管制作一个数码管计时器。

本章主要讲述如下几方面的内容:

- 一位数码管原理及数字显示;
- 通过数组实现一位数码管数字显示;
- 74HC595 移位寄存器芯片;
- 通过编程控制 74HC595 一位数码管模块;
- 按键消抖;
- 74HC595 移位寄存器芯片级联模块。

2.1　项目一:一位数码管原理及数字显示

2.1.1　一位数码管工作原理

数码管可以简单地理解为多个 LED 的集成,通常是用 7 个 LED 条排列成一个 8 字,再外加一个 LED 作为小数点,使用时控制某些 LED 点亮、某些 LED 熄灭,从而组成 0～9 的数字显示。只能显示一个数字的数码管,称为一位数码管,图 2-1(a) 就是本书中使用的一位数码管。

由图 2-1(b)可知,一位数码管模块上有 10 个引脚,上下各 5 个。其中,a～h 共 8 个引脚分别对应数字的一个笔画。此外,数码管内部是把这 8 个 LED 的阳极或者阴极一端连接起来形成公共引脚,公共引脚分别位于数码管上下两侧的中央。

根据公共引脚的阴极或阳极的不同,数码管分为共阳极数码管和共阴极数码管,两者的原理图如图 2-2 所示。数码管侧边有文字标识,最后两组字母 AS 代表共阴极,BS 代表共阳极。

 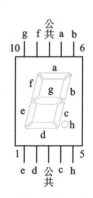

(a) 数码管实物　　　　　　　　　　(b) 数码管数位示意图

图 2-1　一位数码管示意图

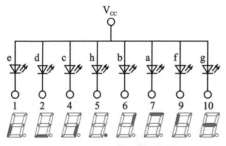 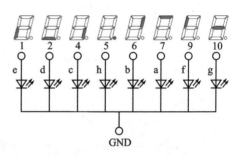

(a) 共阳极数码管原理图　　　　　　　　(b) 共阴极数码管原理图

图 2-2　一位数码管原理图

2.1.2　一位数码管数字显示

项目任务:通过编程实现数码管的数字显示。

所需器件:■　一位共阳极数码管　　1个

　　　　　■　100 Ω 电阻　　　　　8个

　　　　　■　杜邦线　　　　　　　若干

电路搭设:模块连接如图 2-3 所示,电路原理图如图 2-4 所示。

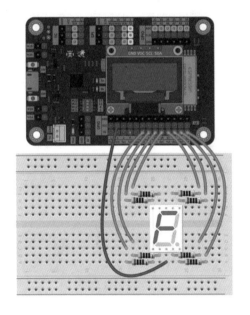

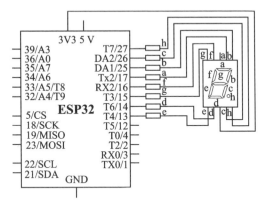

图 2 - 3　一位数码管显示模块连接图　　　图 2 - 4　一位数码管显示电路原理图

程序编写及说明:

```
1   void setup() {
2       //设定控制数码管的引脚为输出
3       pinMode(27, OUTPUT);              //h
4       pinMode(26, OUTPUT);              //c
5       pinMode(25, OUTPUT);              //b
6       pinMode(17, OUTPUT);              //a
7       pinMode(16, OUTPUT);              //f
8       pinMode(15, OUTPUT);              //g
9       pinMode(14, OUTPUT);              //d
10      pinMode(13, OUTPUT);              //e
11  }
12
13  void loop() {
14      //显示数字 0
15      digitalWrite(27, HIGH);           //h  ❶
16      digitalWrite(26, LOW);            //c
17      digitalWrite(25, LOW);            //b
18      digitalWrite(17, LOW);            //a
19      digitalWrite(16, LOW);            //f
20      digitalWrite(15, HIGH);           //g
21      digitalWrite(14, LOW);            //d
```

```
22      digitalWrite(13, LOW);              //e
23      delay(1000);                        //维持 1 秒钟
24
25      //显示数字 1
26      digitalWrite(27, HIGH);             //h
27      digitalWrite(26, LOW);              //c
28      digitalWrite(25, LOW);              //b
29      digitalWrite(17, HIGH);             //a
30      digitalWrite(16, HIGH);             //f
31      digitalWrite(15, HIGH);             //g
32      digitalWrite(14, HIGH);             //d
33      digitalWrite(13, HIGH);             //e
34      delay(1000);                        //维持 1 秒钟
35
36      //显示数字 2
37      digitalWrite(27, HIGH);             //h
38      digitalWrite(26, HIGH);             //c
39      digitalWrite(25, LOW);              //b
40      digitalWrite(17, LOW);              //a
41      digitalWrite(16, HIGH);             //f
42      digitalWrite(15, LOW);              //g
43      digitalWrite(14, LOW);              //d
44      digitalWrite(13, LOW);              //e
45      delay(1000);                        //维持 1 秒钟
46    }
```

❶ 　　由数码管的原理可知,对于共阳极数码管,要显示数字"0",则须将笔画 g 和 h 所对应的二极管引脚 12 和 17 输出高地平,其他引脚输出低电平;要显示其他数值,则须将相应笔画位置的 LED 灯引脚输出低电平,其他引脚输出高电平即可。

程序运行:在上述程序的基础上,编写程序显示剩下的其他数字。在编写过程中,体验有何不便,并想出相应的解决办法。

本项目中,数码管各段选引脚分别与主控板的 I/O 引脚相连接,采用静态显示的方式直接通过 I/O 引脚输出高低电平来控制显示内容。

2.2　项目二:通过数组实现一位数码管数字显示

在项目一程序编写和运行过程中发现,显示不同数字的代码重复且基本雷同。在以前的学习中,我们可以通过循环结构和变量来简化执行重复的工作,在一位数码管显示项目中,数字各笔画对应的引脚和值没有规律,如何解决数据没有规律但动作又重复的任务呢？我们来学习编程中数据处理的利器——数组。

2.2.1　一维数组的定义和初始化

与我们已经学习的变量类似,数组是一组具有相同类型的变量的集合。在编程中遇到多个同一类型的数据时,除了给每个数据定义一个变量名外,我们还可以使用一个统一的名字来标识这组相同类型的数据,这个名字称为数组名。构成数组的每个数据称为数组元素。C 语言通过数组的下标实现对数组元素的访问。

数组定义格式如下:

```
类型 数组名[元素个数];
```

例如:

```
int pinArray[8];
```

在示例语句中,int 为数组的类型,即数组中每个元素的类型。数组名称为pinArray,名称后有一个[],表示该数组为一维数组。方括号内数字 8 代表 pinArray数组有 8 个数组元素。

C 语言中数组的下标都是从 0 开始的。上述 pinArray 数组的元素从 pinArray[0]~pinArray[7]。数组定义完毕,我们可以在程序中通过不同的下标给元素赋值或引用,具体使用和变量一样。数组的下标从 0 开始依次增大,这样就可以在程序中使用循环来批量处理数组中的数据了。

在引用数组元素时,一定注意数组的下标不要越界,否则会引起不可预知的后果。和变量一样,定义但未进行初始化的数组元素的值是随机数。

与定义变量时可以给变量赋初值一样,定义数组时也可以给数组元素赋初值,方式有两种,示例如下:

```
int pinArray[8] = {17,25,26,14,13,16,15,27};
```

或

```
int pinArray[] = {17,25,26,14,13,16,15,27};
```

指定数组长度的数组,其初始化列表中提供的初值个数不能多于数组元素的个数,各元素间通过逗号隔开。若省略对数组长度的声明,那么系统会自动按照初始化列表中提供的初值个数对数组进行初始化,并确定数组的大小。所以只给部分数组元素赋初值时,对数组的长度声明不能省略。

2.2.2　二维数组的定义和初始化

上一小节讲述了如何定义和初始化一维数组,本小节讲述如何定义一个二维数组。定义一个二维数组,只要增加一维下标即可,二维数组的一般定义格式为:

```
类型 数组名[第一维长度][第二维长度];
```

二维数组用两个下标确定各元素在数组中的顺序。可用排成 i 行 j 列的元素表示,第一维的长度代表数组每一列的元素个数,第二维的长度代表数组中每一行的元素个数。例如,

```
byte digits[2][4];
```

声明的是一个具有 2 行 4 列共 8 个 byte 类型元素的二维数组。数组第一个元素的下标为 digits[0][0],最后一个元素为 digits[1][3]。数组各元素的下标如图 2-5 所示。

	第0列	第1列	第2列	第3列
第0行	digits[0] [0]	digits[0] [1]	digits[0] [2]	digits[0] [3]
第1行	digits[1] [0]	digits[1] [1]	digits[1] [2]	digits[1] [3]

图 2-5　数组下标对照示意图

二维数组初始化既可以按元素初始化,也可以按行初始化。如下两行语句是等价的:

```
byte digits[2][4] = {1,2,3,4,5,6,7,8};              //按元素初始化
byte digits[2][4] = {{1,2,3,4},{5,6,7,8}};          //按行初始化
```

当初始化列表给出数组全部元素的初值时,第一维的长度声明可以省略,此时,系统将按初始化列表中提供的初值个数来定义数组的大小。例如,下面两行语句的初始化结果是一样的:

```
byte digits[][4] = {1,2,3,4,5,6,7,8};               //按元素初始化
byte digits[][4] = {{1,2,3,4},{5,6,7,8}};           //按行初始化
```

注意,数组第二维的长度声明永远都不能省略。

下面我们将通过实际示例加深对数组的理解,同时了解数组的功能。

2.2.3　通过数组实现一位数码管显示

项目任务:在编程中使用数组实现数码管的数字显示。

所需器件:同项目一。

电路搭设:同项目一。

程序编写及说明:

```
1    //定义引脚数组,数组中每个元素分别对应数码管引脚 {a,b,c,d,e,f,g,h}
2    const byte pinArray[] = {17,25,26,14,13,16,15,27};
3
4    //定义显示数组,设置每个数字所对应的笔画开关数组,1 为显示,0 位关闭
5    byte digits[11][8] = {
6    // { a, b, c, d, e, f, g, h} ❶
7      { 1, 1, 1, 1, 1, 1, 0, 0 }, // = 0
8      { 0, 1, 1, 0, 0, 0, 0, 0 }, // = 1
9      { 1, 1, 0, 1, 1, 0, 1, 0 }, // = 2
10     { 1, 1, 1, 1, 0, 0, 1, 0 }, // = 3
11     { 0, 1, 1, 0, 0, 1, 1, 0 }, // = 4
12     { 1, 0, 1, 1, 0, 1, 1, 0 }, // = 5
13     { 1, 0, 1, 1, 1, 1, 1, 0 }, // = 6
14     { 1, 1, 1, 0, 0, 0, 0, 0 }, // = 7
15     { 1, 1, 1, 1, 1, 1, 1, 0 }, // = 8
16     { 1, 1, 1, 1, 0, 1, 1, 0 }, // = 9
17     { 0, 0, 0, 0, 0, 0, 0, 1 }  // = .
18   };
19
20   void setup() {
21     for(int i = 0; i < sizeof(pinArray)/sizeof(pinArray[0]);
22   i++){ //❷
23       pinMode(pinArray [i], OUTPUT);
24     }
25   }
26
27   void loop() {
28     for (int i = 0; i < = 10; i++) {
29         displayNum(i,800);   //调用数字显示函数
30     }
31   }
32
33   //显示相应的数字,指定的时间
34   void displayNum(int num, int delayTime) {
35     for (int i = 0; i < 8; i++) {
36         digitalWrite(pinArray[i], ! digits[num][i]);   //❸
37     }
38     delay(delayTime);
39   }
```

❶　　　定义了一个二维数，每一维有 8 个元素，分别对应数码管 a～h，值为 1
表示该笔画对应的 LED 灯点亮，0 表示熄灭。数组一共 11 行，分别对应数
字 0～9 和"."。这样当要显示某一数字时，直接将该数字作为数组 digits 第
一维的值即可。

❷　　　程序中通过初始化的方式来定义数组时，通常通过 sizeof 运算符来获
得数组中元素的长度。注意，sizeof 是 C 语言运算符，而不是函数，其作用是
返回一个对象或者类型所占的内存字节数。本程序中 sizeof(pinArray) 的
返回值为 8，sizeof(pinArray[0]) 的返回值为 1。

　　　注意，不同硬件平台各数据类型所占用字节长度是不同的，ESP32 for
Arduino int 字节长度为 4 个字节。Arduino Atmega328P 平台 int 字节长
度为 2 个字节。

　　　因此，用 sizeof 运算符来计算一个类型或者变量在内存中所占的字节
数，才是最准确可靠的方法，也有利于提高程序的可移植性。

❸　　　元素 digits[num][i] 中，num 对应所要显示的数字，循环变量 i 对应数
字各笔画 LED 灯的状态。因为本项目使用的是共阳数码管，所以需要对
digits[num][i] 的值使用"!"进行取反。

　　程序运行：上传本程序，数码管按照 0～9 和点的顺序依次显示。通过本示例，
感受一下数组带来的灵活性。

2.3　项目三：74HC595 移位寄存器芯片

2.3.1　74HC595 移位寄存器芯片

　　项目二在程序中采用数组实现一位数码管显示，和项目一相比，程序的灵活性大
大增强。项目中直接使用开发板的 I/O 口来控制数码管的优点就是使用起来比较
直观；而缺点就是会占用过多的 I/O 口，在控制板 I/O 资源比较紧张的情况下，这种
方式就不太适用了，这时通常需要一些额外的器件来节省对 I/O 口的使用，本项目
使用集成电路 74HC595 移位寄存器芯片来达到这个目的。

　　74HC595 移位寄存器芯片是一个 8 位串行输入、并行输出的移位寄存器，工作
电压为 2.0～5.5 V。74HC595 移位寄存器芯片内部数据存储单元由移位寄存器和数据
寄存器组成，输入是串行一位一位地先后输入，输出则是并行同时输出。输入的数据保存
在移位寄存器中，每当有一个新的串行数据输入时，整个移位寄存器中的数据会整体地往
前移动一位。

　　74HC595 移位寄存器芯片的封装形式有贴片和直插，为了方便与面包板配合使
用，可以选用直插封装的集成电路，外观如图 2-6 所示，引脚定义如图 2-7 所示。

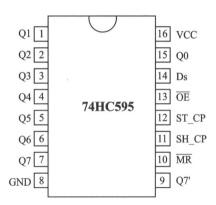

图 2 - 6　74HC595 移位寄存器芯片外观示意图　　图 2 - 7　74HC595 移位寄存器芯片引脚示意图

74HC595 移位寄存器芯片各引脚具体定义如表 2 - 1 所列。

表 2 - 1　74HC595 移位寄存器芯片引脚功能表

引　脚	标　识	说　明
1~7	Q1~Q7	并行数据输出引脚
8	GND	电源地
9	Q7′	串行数据输出,级联时接到下一个 74HC595 的 DS 端
10	$\overline{MR}$	复位,低电平复位
11	SH_CP	数据输入时钟线
12	ST_CP	输出锁存时钟线
13	$\overline{OE}$	输出使能,通常置为低,即始终输出
14	Ds	串行数据输入
15	Q0	并行数据输出引脚
16	VCC	电源

下面通过具体示例来了解 74HC595 移位寄存器芯片的使用。

2.3.2　74HC595 一位数码管模块

本书套件配备了 74HC595 直插芯片,为了减少学习过程中的线路搭接,同时配备了 74HC595 一位数码管模块。模块图片以及安装示意如图 2 - 8 所示,模块原理图如图 2 - 9 所示。从原理图可以看出,该模块已经集成了相应的限流电阻,极大方便了使用。

如图 2 - 9 所示,模块一共有 5 个引脚分别为 G、V、D、C、L,其中,D(Date) 和 74HC595 移位寄存器芯片的 Ds 数据引脚相连,C(Clock) 和 74HC595 移位寄存器芯片 SH_CP 时钟引脚相连,L(Latch) 和 74HC595 移位寄存器芯片的 ST_CP 锁存引脚相连接。Q0~Q7 分别与数码管的 a~h 相连接。

(a) 74HC595模块　　　　(b) 一位数码管及连接排针　　　　(c) 模块连接示意

图 2 - 8　74HC595 一位数码管模块示意图

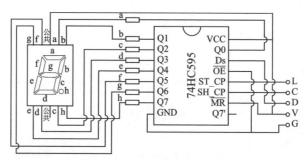

图 2 - 9　74HC595 一位数码管模块电路原理图

2.3.3　通过按键控制 74HC595 一位数码管模块

项目任务：通过按键控制 74HC595 移位寄存器芯片,在数码管输出数字 0。

所需器件：
- 74HC595 一位数码管模块　　　　　　　　　　1 个
- 一位共阳极数码管　　　　　　　　　　　　　1 个
- 按键开关　　　　　　　　　　　　　　　　　2 个
- 10 kΩ 电阻　　　　　　　　　　　　　　　　2 个
- 杜邦线　　　　　　　　　　　　　　　　　　若干

若不采用 74HC595 一位数码管模块,则额外需如下器件：
- 双列直插式 74HC595 移位寄存器芯片　　　　　1 个
- 100 Ω 电阻　　　　　　　　　　　　　　　　8 个

电路搭设：电路搭设如图 2 - 10 所示。如不采用模块,74HC595 移位寄存器芯片和一位数码管电路搭设参考图如图 2 - 9 所示。

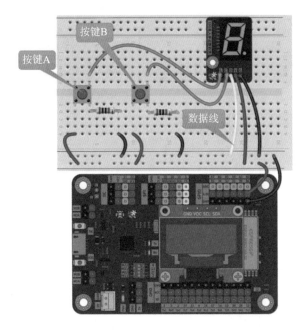

图 2 - 10　按键控制 74HC595 一位数码管模块

电路操作：

准备：黄色数据线连接到 VCC，连续 8 次按下按键 B，然后按下按键 A，此时一位数码管熄灭。

操作一：黄色数据线连接到地，连续 3 次按下按键 B，然后按下按键 A，观看数码管的显示结果。

操作二：将黄色数据线连接到 VCC，首先按一下按键 B，然后按一下按键 A，重复循环 2 次，观看数码管的显示结果。

操作一执行后，会看到数码管笔画 a、b、c 依次点亮，为什么呢？

图中按键 A 和按键 B 都是下拉接法，当按键 A 和按键 B 按下时都会输出高电平，产生一个上升沿的脉冲。数据线连接到 GND，表示 74HC595 移位寄存器芯片 Ds 数据引脚输入的数字为"0"，第一次按下按键 B，会把数值 0 发送到 74HC595 移位寄存器芯片的移位寄存器 Q0 中。再次按下按键 B，74HC595 移位寄存器芯片会将移位寄存器 Q0 中的值移位到 Q1，同时从 Ds 数据引脚输入数字"0"保存到移位寄存器 Q0 中。第三次按下按键 B，74HC595 移位寄存器芯片会将移位寄存器 Q1、Q0 中的值移位到 Q2 和 Q1 寄存器，同时从 Ds 数据引脚输入数字"0"保存到 Q0 寄存器中。按下按键 A 产生一个上升沿的脉冲，74HC595 移位寄存器芯片将移位寄存器中的数据转入存储寄存器，输出高低电平。由于采用的是共阳极数码管，所以笔画 a/b/c 点亮，如图 2 - 11(b)所示。

在操作一的基础上，分析操作二，分别按下两次按键 A 后的数码管状态示意图，如图 2 - 12 所示。

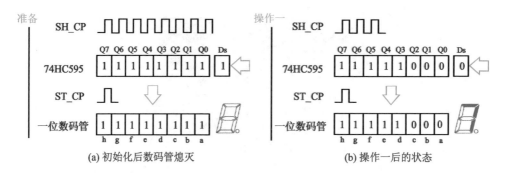

图 2-11　准备和操作一时 74HC595 移位寄存器芯片及一位数码管状态示意图

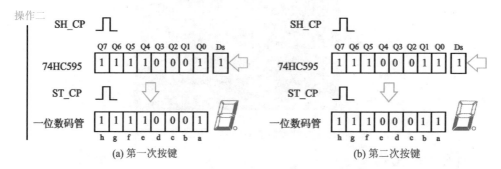

图 2-12　操作二时 74HC595 移位寄存器芯片及一位数码管状态示意图

　　通过上面的电路操作可以基本了解 74HC595 移位寄存器芯片的工作原理。芯片的 Ds 引脚是数据输入引脚;SH_CP 引脚上升沿时,从 Ds 引脚读入数据到 Q0,同时,移位寄存器中的数据依次移动一位,即 Q0 中的数据移到 Q1 中,Q1 中的数据移到 Q2 中,依次类推,下降沿时移位寄存器中的数据保持不变;ST_CP 引脚上升沿时移位寄存器中的数据进入存储寄存器,下降沿时存储寄存器中的数据保持不变。应用时通常 ST_CP 置为低电平,移位结束后在 ST_CP 端产生一个上升沿更新显示数据。

　　在实际操作过程中,有时会发生按键按下一次、数码管显示移动多位的情形,这是由按键按下和释放抖动造成的。

2.4　项目四:通过编程控制 74HC595 一位数码管模块

　　本项目在项目二和项目三的基础上,通过数组编程和 74HC595 移位寄存器芯片控制一位数码管显示指定的数字。

　　项目任务:在程序中使用数组,控制 74HC595 移位寄存器芯片在一位数码管显示指定的数字。

　　为了便于理解,下面通过图示的方式,描述如何通过移位寄存器芯片控制共阳极数码管显示数字"0"。整个过程分为 3 个步骤,如图 2-13 所示。

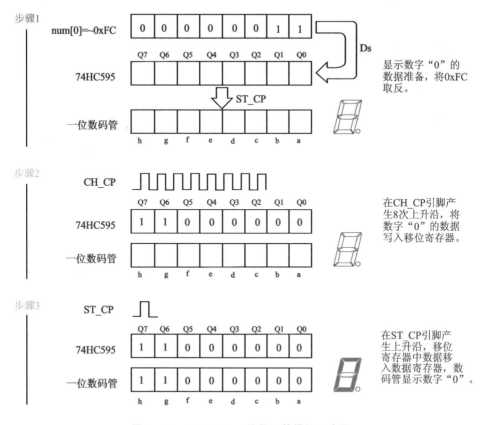

图 2-13　74HC595 一位数码管模拟示意图

所需器件:■　74HC595 一位数码管模块　　　　　　　1 个
　　　　　■　一位共阳极数码管　　　　　　　　　　1 个
　　　　　■　杜邦线　　　　　　　　　　　　　　若干
若不采用 74HC595 一位数码管模块,额外所需如下器件:
　　　　　■　双列直插式 74HC595 移位寄存器芯片　1 个
　　　　　■　100 Ω 电阻　　　　　　　　　　　　8 个
电路搭设:电路搭设如图 2-14 所示,电路原理图如图 2-15 所示。如不采用模块,则 74HC595 和一位数码管电路搭设参考图如图 2-9 所示。

智能硬件项目教程——基于 ESP32

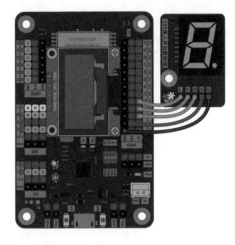

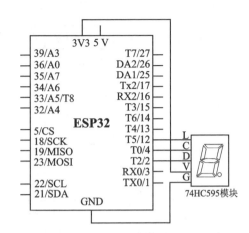

图 2 - 14　74HC595 一位数码管模块连接图　　　图 2 - 15　74HC595 一位数码管电路原理图

程序编写及说明：

```
1   const int dataPin = 2;                    //DS（D）
2   const int clockPin = 4;                   //SH_CP(C)
3   const int latchPin = 12;                  //ST_CP(L)
4   const byte num[] = {                      //❶
5       0b11111100,                           // = 0    0XFC
6       0b01100000,                           // = 1    0X60
7       0b11011010,                           // = 2    0XDA
8       0b11110010,                           // = 3    0XF2
9       0b01100110,                           // = 4    0X66
10      0b10110110,                           // = 5    0XB6
11      0b10111110,                           // = 6    0XBE
12      0b11100000,                           // = 7    0XE0
13      0b11111110,                           // = 8    0XFE
14      0b11110110,                           // = 9    0XF6
15      0b00000001                            // = .    0X01
16  };
17
18  void setup() {
19      pinmode(dataPin, OUTPUT);              //设为输出模式
20      pinmode(clockPin, OUTPUT);             //设为输出模式
21      pinmode(latchPin, OUTPUT);             //设为输出模式
22
23      digitalWrite(clockPin, LOW);           //初始化引脚为低电平状态
24      digitalWrite(latchPin, LOW);           //初始化引脚为低电平状态
```

```
25    }
26
27    void loop() {
28        for (int j = 0; j < = 10; j++) {        //循环,依次显示 0~9 和"."
29            for (int i = 0; i < 8; i++) {        //循环,依次读取各数据位
30                digitalWrite(dataPin, ! bitread(num[j], i)); //❷
31                digitalWrite(clockPin, HIGH);    //SH_CP 引脚上升沿,寄存器移位
32                digitalWrite(clockPin, LOW);
33            }
34            digitalWrite(latchPin, HIGH);        //ST_CP 引脚上升沿,更新数据
35            digitalWrite(latchPin, LOW);
36            delay(500);
37        }
38    }
```

❶　　程序中定义数组显示采用一维数组实现,数组中每个元素采用二进制(前缀 0b)表示。和项目二不同,本程序巧妙利用一个字节有 8 个位,将每个数字 8 个笔画的值保存到数据位(bit)中,从而大大节省程序的内存消耗,可以看出,本程序数据的内存占用为项目二的 1/8。

❷　　bitRead()函数是 Arduino 的内建函数,功能就是读取指定数据的指定位。由于采用的是共阳极数码管,所以需要对 bitRead(num[J], I)的值使用"!"进行取反。

bitRead()函数的调用格式为:

bitRead (val,n);
返回值:被读取数指定位的值(1 或者 0)。
val:要被读取的数。
n:被读取的位。从 0 开始,0 表示最右端的位。

bitRead(0b11011010,2)的返回值为 0,如图 2-16 所示。

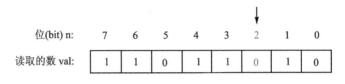

图 2-16　bitRead()函数操作示意图

程序运行:上传本程序,则数码管按照 0~9、点的顺序依次显示。

2.5 项目五：数码管计时器

本项目实现一个数码管计时器,通过按键启动计时,将时间以秒的形式显示在 4 位数码管上,再次按下按键则停止计时。和一位数码管不同,4 位数码管采用两块级联的 74HC595 移位寄存器芯片来控制显示。为了避免由于按键抖动造成操作异常,读取按键值要进行软件消抖处理。

为了实现数码管计时器,需要学习如下知识:

■ 4 位数码管工作原理;

■ 双 74HC595 移位寄存器芯片级联模块工作原理;

■ 按键消抖;

■ 4 位数码管显示。

2.5.1 4 位数码管工作原理

4 位数码管如图 2 - 17 所示,由 4 个一位数码管组成。共有 12 个引脚,其中 4 个为公共端 com1~4,对应的引脚编号为 12、9、8、6,另外 8 个引脚和一位数码管一样分别对应数字的各个笔画段。

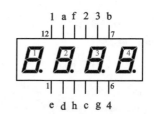

图 2 - 17 4 位数码管示意图

和一位数码管一样,4 位数码管也分为共阴极和共阳极两类,共阳 4 位数码管的电路原理图如图 2 - 18 所示。

由图 2 - 18 可知,所有 4 个数码管的 8 个显示笔画 a~h 的同名端连在一起。当外部输入信息时,4 个数码管都接收到相同的显示信息,如要在特定的数码管显示数字,取决于对 4 个公共端 com1~4 的控制,因此公共端也称为位选通端。只要将需要显示的数码管的位选通端控制打开,该位就显示数字,没有选通的数码管就不会显示。

和一位数码管静态显示方式不同,4 位数码管的显示方式为动态显示,每位数码管的点亮时间为 1~2 ms。由于人的视觉暂留现象以及发光二极管的余晖效应,尽管实际上各位数码管并非同时点亮,但只要扫描的速度足够快,不会有闪烁感,动态显示的效果和静态显示一样,还能节省大量的 I/O 端口,且功耗更低。

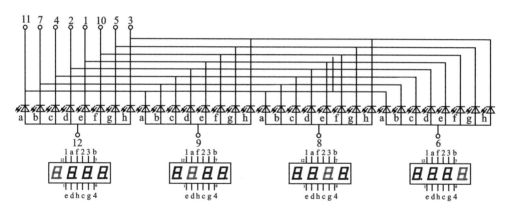

图 2 - 18　共阳 4 位数码管电路原理图

2.5.2　双 74HC595 移位寄存器芯片级联模块工作原理

如果采用一块 74HC595 移位寄存器芯片驱动,则另外还需要 4 个引脚才能驱动 4 位数码管;为了节省引脚资源,我们采用 2 块 74HC595 移位寄存器芯片级联,这样只需要 3 个引脚就可以控制 4 位数码管显示。

为了方便学习,减少电路搭设,本项目采用的模块由 2 片 74HC595 移位寄存器芯片级联。模块如图 2 - 19 所示,该模块可以同时驱动 4 位数码管和 8×8 LED 点阵屏。该模块连接 4 位数码管后的电路原理图如图 2 - 20 所示。

图 2 - 19　双 74HC595 移位寄存器芯片级联模块图示

由图 2 - 20 可知,模块中 2 块 74HC595 移位寄存器芯片的 ST_CP 引脚相互连接在一起,SH_CP 引脚相互连接在一起,第二块芯片的 Ds 引脚连接第一块芯片的 $Q7'$。这样当从 74HC595 - 1 的 Ds 引脚串行输入数据,且数据输入的位数超过 8 位时,会自动写入 74HC595 - 2 的 Q0,依此类推。

图 2 - 21 显示了 4 位数码管各引脚和双 74HC595 移位寄存器芯片级联模块引脚对应关系图。要实现数码管显示指定的数字,首先,打开该数字对应的选通端,然后根据显示的数字控制 a~h 引脚的高低电平即可实现。对于 4 位共阳极数码管,要在第 2 位显示数字"2",则 74HC595 移位寄存器芯片 Q0~Q7 引脚对应的值如图 2 - 21 所示。

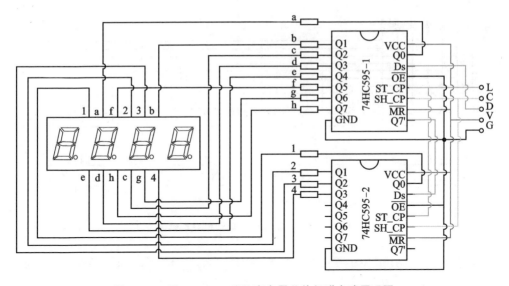

图 2 - 20　双 74HC595 移位寄存器芯片级联电路原理图

读者可以根据已学知识和上述分析,尝试通过编程实现 4 位数码管显示数字"2"。

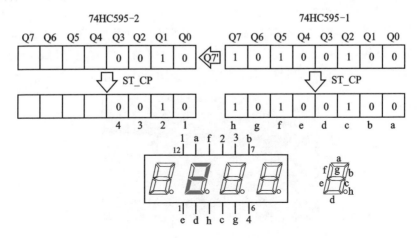

图 2 - 21　双 74HC595 移位寄存器芯片级联模块引脚映射示意图

2.5.3　步骤一:4 位数码管的单数显示

示例任务:使用双 74HC595 模块在 4 位数码管指定位显示指定的数字,在 4 位数码管第 2 位显示数字"2"。

所需器件:■　4 位共阳数码管　　　　　　　　　　　　1 个
　　　　　■　双 74HC595 移位寄存器级联模块　　　1 块
　　　　　■　杜邦线　　　　　　　　　　　　　　　　若干

电路搭设:将 4 位共阳数码管插入到双 74HC595 级联模块,插入时,注意 4 位数码管的有字侧和级联模块"有字边"的标识相对应。使用杜邦线将 74HC595 模块连接到开发板,模块连接如图 2－22 所示,电路原理图如图 2－23 所示。

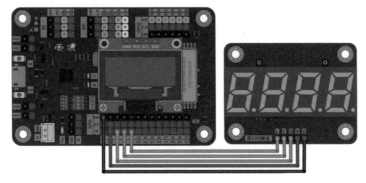

图 2－22　双 74HC595 模块 4 位数码管面包板示意图

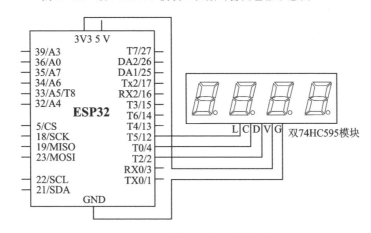

图 2－23　双 74HC595 模块 4 位数码管电路原理图

程序编写:

```
1   const int dataPin = 2;              //Ds(D)
2   const int clockPin = 4;             //SH_CP(C)
3   const int latchPin = 12;            //ST_CP(L)
4   const byte NUM[] = {                //保存 0~9 和 '.'
5       0b11111100, 0b01100000, 0b11011010, 0b11110010,
6       0b01100110, 0b10110110, 0b10111110, 0b11100000,
7       0b11111110, 0b11110110, 0b00000001 };
8
9   int digit = 2;                      //在 4 位数码管第 2 位显示
10  int number = 2;                     //显示的具体数字 '2',number 值为 10 时显示 '.'
11
12  void setup() {
13
```

```
14        pinMode(dataPin, OUTPUT);
15        pinMode(clockPin, OUTPUT);
16        pinMode(latchPin, OUTPUT);
17        digitalWrite(clockPin, LOW);                //初始化引脚为低电平状态
18        digitalWrite(latchPin, LOW);                //初始化引脚为低电平状态
19    }
20
21    void loop() {
22        specialDigitDisplay(digit, number);         //调用位数据显示函数
23    }
24
25    // ========================
26    // 在指定位上显示指定的数字
27    // digit:数码管的位号,从左到右依次为1~4
28    // num:显示的数字
29    // ========================
30    void specialDigitDisplay(int digit, int num) {
31        byte val = 0;
32        val = bitSet(val, digit − 1);               //将 digit 对应位号置位❶
33        shiftOut(dataPin, clockPin, MSBFIRST, val);  //串行移位函数❷
34        shiftOut(dataPin, clockPin, LSBFIRST, ∼NUM[num]);  //❷❸
35        digitalWrite(latchPin, HIGH);
36        digitalWrite(latchPin, LOW);
37    }
```

❶ 　　程序行 32 生成图 2−21 中 74HC595−2 所对应的位选数据。

bitSet()函数是 Arduino 的内建函数,该函数的功能是对数据的指定位进行置位操作,即将指定位设为 1。

bitSet()函数的调用格式为:

bitSet (val,n);

返回值:无返回值。

val:想要被置位的数。

n:被设置的位。从 0 开始,0 表示最右端的位。

程序中 bitSet(val, digit −1)的返回值为 2,如图 2−24 所示。

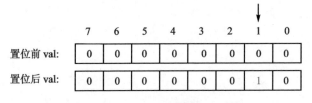

图 2−24　bitSet()函数操作示意图

❷

shiftOut()是系统提供的移位输出函数,功能是将一个字节的数据位一位一位移出。该函数的功能和项目四程序行 29~33 的功能一致。

shiftOut()函数的调用格式为:

shiftOut(dataPin, clockPin, bitOrder, value);
dataPin:数据输出引脚,对应 74HC595 的 Ds 引脚;
clockPin:时钟引脚,对应 74HC595 的 SH_CP 引脚;
bitOrder:输出位的顺序,MSBFIRST(最高位优先)/LSBFIRST(最低位优先);
value:要移位输出的数据。

根据程序行 9~10 的初始值,程序行 34~35 的 shiftOut()函数运行完毕。74HC595 移位寄存器中的数据如图 2-25 所示。

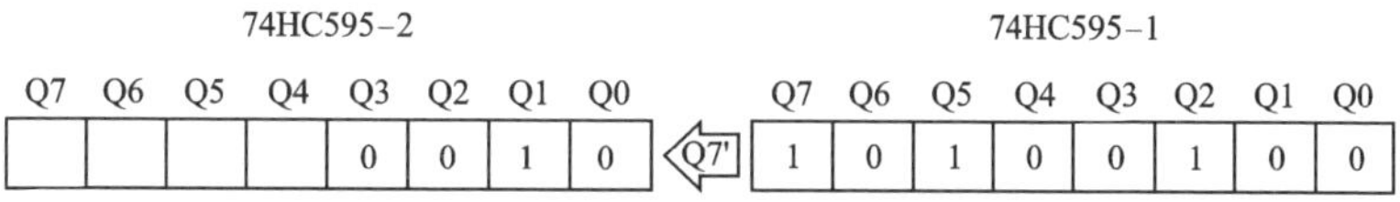

74HC595-2								74HC595-1							
Q7	Q6	Q5	Q4	Q3	Q2	Q1	Q0	Q7	Q6	Q5	Q4	Q3	Q2	Q1	Q0
				0	0	1	0	1	0	1	0	0	1	0	0

(图中 Q0 与 Q7' 之间有箭头连接)

图 2-25　shiftOut()函数运行后,移位寄存器数值示意图

执行程序行 35 后,数据将显示在 4 位数码管上。

❸

程序行 34 中的"~"为按位取反操作符。NUM[2]按位取反运行如图 2-26 所示。

| NUM[2] | 1 | 1 | 0 | 1 | 1 | 0 | 1 | 0 |
| ~NUM[2] | 0 | 0 | 1 | 0 | 0 | 1 | 0 | 1 |

图 2-26　按位取反"~"操作符示意图

在程序编写过程中,我们经常需要对位进行操作。Arduino C 语言提供的位操作符及说明如表 2-2 所列。其他位运算符会在后续讲述到。

表 2-2　位操作符

位运算符	含义说明	示　例
&	按位"与"	0 0 1 1 & 　0 1 0 1 ----------------- 值　0 0 0 1
|	按位"或"	0 0 1 1 | 　0 1 0 1 ----------------- 值　0 1 1 1

续表 2 - 2

位运算符	含义说明	示　例
^	按位"异或"	0 0 1 1 ^　0 1 0 1 ------------ 值　0 1 1 0
~	按位"非"	~　0 1 0 1 ------------ 值　1 0 1 0
<<	左移	1 << 0 值 1 1 << 1 值 2 1 << 8 值 256
>>	右移	2 >> 1 值 1 1024 >> 2 值 256

程序运行：上传程序查看数码管显示的内容和位置。修改程序中 digit 变量和 number 变量的值，并重新上传程序，查看显示结果。在此基础上，实现一位数字的连续显示，并尝试实现 4 位数的显示。

在本步骤和项目四中，我们学习到位读取函数 bitRead( )和置位函数 bitSet( )。Arduino 还提供了如下常用位操作函数，这里一并讲述。

```
bitClear(val, n);
```
功能：复位操作函数，将整数 val 指定位设置为 0。
返回值：无返回值。
val：要执行复位操作的数。
n：要执行复位操作的位。从 0 开始，0 表示最右端的位。

```
bitWrite(val, n, b);
```
功能：向整数 val 指定位写入 0 或者 1。
返回值：无返回值。
val：要执行写入操作的数。
n：要执行写入操作的位。从 0 开始，0 表示最右端的位。
b：要写入的值(1 或者 0)。

2.5.4　步骤二：按键消抖

按键开关　以前学习按键控制 LED 灯时，需要一直按着按键模块。本项目要通过按键开关控制 LED 灯，与日常生活中的房间灯的开关一样。要达到这种效果，一般是通过对比当前和先前两次按键值的变化,从而判断按键是否按下或释放。

此外,一次按键动作在按下和释放过程中,对上拉按键模块来说,如图 2 - 27 所示,按键返回值经历了由 1→0 和由 0→1 两次变化。本项目中将按键作为开关来使用,所以仅须取其中的一次状态变化作为输入,常用的是获取按键释放时的状态,即值由 0→1 时的状态变化作为输入。

对于两次按键动作的输入,通过状态变量值的变化来对应按键的开和关,从而实现按键开关的效果。

按键消抖　按键在按下和释放的瞬间,按键内金属簧片接触是一个连续通断的过程,一般称之为抖动,如图 2 - 28 所示,抖动分为前沿抖动和后沿抖动。为了确保主控板对一次按键的操作仅做一次处理,必须要进行消抖处理。

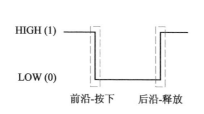

图 2 - 27　按键模块按下/释放动作示意

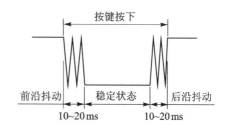

图 2 - 28　按键抖动示意图

按键消抖分为:软件消抖和硬件消抖。硬件消抖通过硬件电路来实现,成本稍高。软件消抖通过程序逻辑设计的方式进行消抖。软件消抖也有多种方式,常用的软件消抖是通过延时 delay() 函数来实现的。按键抖动时长一般为 2~10 ms,常用的做法是在检测到按键状态变化后,延时 10~20 ms,跳过抖动区,再进行按键状态检测。

本项目采用系统提供的 millis() 函数来实现消抖,避免因为执行 delay() 而导致程序效率的下降。

示例任务:按下并释放按键模块,则板载 LED 灯(GPIO12)点亮,再次按下并释放按键模块,LED 灯(GPIO12)熄灭,依此延续。

所需器件:■　按键模块　　1 个

　　　　　■　3P 数据线　　1 根

电路搭设:使用 3P 数据线将按键模块连接到开发板 GPIO26 引脚。

程序编写:

```
1   const int keyPin = 26;              //按键连接引脚
2   const int ledPin = 12;              //板载 LED 灯连接引脚
3   int preKeyVal = 1;                  //保存先前的按键值
4   int preKeyState = 1;                //保存按键状态值
5   boolean keyFlag = false;            //按键状态变量
6   unsigned int preTime = 0;           //保存 millis()返回值❶
7   int debounceDelay = 10;             //设定消抖时间间隔
8
9   void setup() {
10      //put your setup code here, to run once
11      pinMode(keyPin, INPUT);
12      pinMode(ledPin, OUTPUT);
13  }
14
15  void loop() {
16      getKeyState();                  //调用函数检测按键状态,保存到状态变量 keyFlag
17      digitalWrite(ledPin, keyFlag ); //状态变量值控制 LED 灯亮灭
18  }
19  // ======================
20  // 检测按键的状态是否发生改变
21  // 通过全局按键状态变量 keyFlag 来传递信息
22  // ======================
23  void getKeyState() {
24      int keyVal = digitalRead(keyPin);        //读取按键值
25      if (keyVal != preKeyVal) {               //如果按键值和先前值不等❷
26          preTime = millis();                  //获取当前时间
27          preKeyVal = keyVal;                  //将当前值赋值给先前值
28      }
29
30      // 判读时间间隔是否大于设定的抖动的时间,再判断按键状态是否发生变化
31      if ((millis() - preTime) > debounceDelay) {
32          if (keyVal != preKeyState ) {        //判断按键状态是否变化❸
33              preKeyState = keyVal;            //如变化,则保存当前的按键状态
34              if (keyVal == HIGH) {            //判断按键值是否是高电平
35                  keyFlag = ! keyFlag;         //按键状态变量取反
36              }
37          }
38      }
39  }
```

❶　定义变量的类型为无符号（unsigned）整型数，用以保存系统的时间（毫秒）。ESP32 for Arduino 的整型数占用 4 个字节，当变量为无符号整型数时，可保存近 50 天的系统时间数据而不溢出。如果采用 Atmega 328P，程序中变量一般定义为 unsigned long 类型。

❷　程序行 16～19 的功能是判断当按键按下时，保存当前的时间到变量 preTime，以便在设定的消抖时间间隔（debounceDelay）后检测按键状态是否发生了变化。

millis（）函数是 Arduino 的内建函数，功能就是返回开发板运行当前程序开始的毫秒数。

millis（）函数的调用格式为：

```
millis();
```

返回值：返回当前程序自开始运行至当前的时间，单位毫秒。

❸　程序行 32 首先判断当前按键值和先前的按键状态是否相等，如不等，则表明按键状态发生了变化。程序行 34 将按键释放时（后沿）作为输入来切换 keyFlag 状态变量值的变化。

程序运行：程序运行中，首次按键按下并释放，LED 灯点亮，再次按下并释放按键，LED 灯熄灭，依次延续。

修改程序 34 行中的 HIGH 为 LOW，再次上传程序，查看 LED 灯的变化和按键状态之间的差别。

读者可以编程将 millis（）函数的返回值输出到串口监视器。

2.5.5　步骤三：按键计时器

示例任务：按键按下，启动计时，再次按下按键则计时停止。在 4 位数码管上显示两次按键的时间间隔，单位毫秒。

所需器件：■　双 74HC595 移位寄存器级联模块　　　1 块
　　　　　■　4 位共阳数码管　　　　　　　　　　1 个
　　　　　■　按键模块　　　　　　　　　　　　　1 个
　　　　　■　3P 数据线　　　　　　　　　　　　1 根
　　　　　■　杜邦线　　　　　　　　　　　　　　若干

电路搭设：首先将 4 位数码管插接到双 74HC595 输出模块，注意，4 位数码管的有字边和模块上的标识一致。模块连接如图 2 - 29 所示，电路原理图如图 2 - 30 所示。

智能硬件项目教程——基于 ESP32

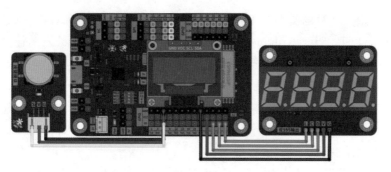

图 2 - 29　按键计时器模块连接图

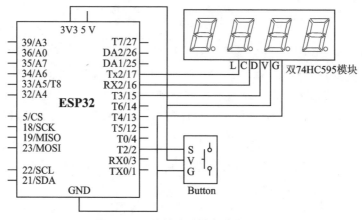

图 2 - 30　按键计时器电路原理图

程序编写：

```
1   const int dataPin = 15;                        //DS(D)
2   const int clockPin = 16;                       //SH_CP(C)
3   const int latchPin = 17;                       //ST_CP(L)
4   const int keyPin = 4;                          //按键连接引脚 GPIO4
5   int preKeyVal = 0;                             //保存先前的按键值
6   int keyState = 1;                              //保存按键状态值
7   boolean keyFlag = false;                       //按键状态变量
8   boolean countFlag = false;                     //计数开始状态变量
9   unsigned int preTime = 0;                      //保存 millis()返回值
10  int debounceDelay = 10;                        //设定消抖时间间隔
11  unsigned int num = 0;                          //数码管显示的毫秒数
12
13  const byte NUM[] = {                           //保存 0~9 和 '.'
14      0b11111100, 0b01100000, 0b11011010, 0b11110010,
15      0b01100110, 0b10110110, 0b10111110, 0b11100000,
16      0b11111110, 0b11110110, 0b00000001};
17
18  void setup() {
19      pinMode(dataPin, OUTPUT);
```

54

```
20      pinMode(clockPin, OUTPUT);
21      pinMode(latchPin, OUTPUT);
22      pinMode(keyPin, INPUT);
23
24      digitalWrite(clockPin, LOW);
25      digitalWrite(latchPin, LOW);
26  }
27
28  void loop() {
29      unsigned int currentTime;
30      getKeyState();   //调用函数检测状态变量 keyFlag,参考步骤二示例
31      if (keyFlag) {                              //keyFlag 为真,开始计时❶
32          if (countFlag == true) {
33              currentTime = millis();            //保存当前时间
34              countFlag = false;
35          }
36          num = millis() - currentTime;
37      }
38      else {
39          countFlag = true;
40      }
41      displayNum(num);          //调用函数将数字 num 显示在 4 位数码管上
42  }
43
44  // ===================================
45  //在 4 位数码管上显示 0~9999 之间的数字
46  //将数字的个十百千分别取出,通过 specialDigitDisplay()函数显示出来
47  // 说明:本函数当 num 小于 1000 时,前面用 0 填充
48  // num:要显示的数字
49  // ===================================
50  void displayNum(int number)                    //❷
51  {
52      int results[4];
53      results[0] = number / 1000;                //千位
54      number = number % 1000;
55      results[1] = number / 100;                 //百位
56      number = number % 100;
57      results[2] = number / 10;                  //十位
58      results[3] = number  % 10;                 //个位
59      for (int i = 0; i < = 3; i++)
60      {
61          specialDigitDisplay(i + 1, results[i]);       //参考步骤一示例
62      }
63  }
64
65  // ===================================
66  //void specialDigitDisplay(int digit, int num)参考步骤一示例
```

```
67  // ======================================
68
69  // ======================================
70  //void getKeyState() 参考步骤二示例
71  // ======================================
```

❶   程序行 31~40 用于执行,当状态变量 keyFlag 为 true 时,记录当前时间到变量 currentTime,开始计时,并将时间保存到 num。

❷   该函数的功能利用整除和取余,将 number 的个位~千位分别取出来,然后调用函数 specialDigitDisplay() 将数字显示。

程序运行:程序上传后,按下按键开始计数,计数数字显示在 4 位数码管上。再次按下,则重新开始计数并显示。

进阶提高:当时间小于 1 000 时,首位显示为 0,在此程序基础上,读者可尝试通过编程不显示 0。此外,程序中按键是切换启停计数功能,没有清零显示,读者可通过编程增加该功能。

2.6 思考题

1. 按引脚结构划分,数码管分为哪两类?

2. 常见的一位数码管是静态显示还是动态显示?

3. 数组的下标从 0 还是 1 开始?

4. 定义二维数组时,第二维长度声明可否省略?

5. sizeof 是系统提供的函数还是运算符? 其作用是什么?

6. 74HC595 移位寄存器芯片的工作原理是什么? Ds 引脚、SH_CP 引脚、ST_CP 引脚的作用是什么?

7. 74HC595 移位寄存器芯片级联时,通过哪个引脚在芯片之间传递数据?

8. bitRead() 函数读取数据位是从右侧还是左侧开始?

9. bitSet() 函数的功能是什么?

10. shiftOut() 函数有几个参数,各参数的含义是什么?

11. "~"和"!"运算符的区别是什么?

12. 位操作符有哪些,各自的功能是什么?

13. 按键消抖有几种分类?

14. millis() 函数的功能是什么?

第3章　点阵动画

认识了数码管之后，本章再来介绍一个生活中常见的显示器件——8×8 LED 点阵(后面统一简称 8×8 点阵)。点阵的显示方式是常见显示设备工作的基本原理。本章将通过 8×8 点阵来显示图片及动画信息。

本章内容分为如下几个方面：

- 8×8 点阵的工作原理；
- 8×8 点阵显示图片；
- 8×8 点阵显示动画；
- 点阵数显计时器。

3.1　项目一：8×8点阵的显示

3.1.1　8×8点阵工作原理

8×8 点阵在生活中的应用非常广泛，如公交车上的显示屏(图 3-1)、公共场所的信息提示屏(图 3-2)等。

单个的 8×8 点阵外观如图 3-3 所示，其上总共有 64 个 LED，这些 LED 以矩阵的形式交叉连接在一起的。与数码管相比，8×8 点阵除了显示数字信息外，通过点亮不同的 LED 就可显示不同的文字和图片信息。8×8 点阵的内部原理图如图 3-4 所示。

图 3-1　公交车上的显示屏

图 3-2　公共场所的信息提示屏

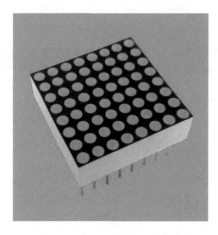

图 3-3　单个的 8×8 点阵外观

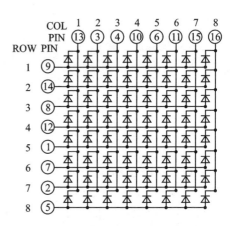

图 3-4　8×8 点阵的内部原理图

图 3-4 中不带圆圈的数字分别表示交叉矩阵的行(ROW)和列(COL),分别标识为数字 1～8。如果只想让左上角的 LED 点亮,就需要 ROW1 输入一个高电平,COL1 输入一个低电平,后面的 LED 保持熄灭,则需要让 COL2～COL8 也保持高电平。

同理,如果想点亮第二行的 LED,那么就需要 ROW2 输入一个高电平,同时调整 COL1～COL8 的电平。之后的几行 LED 情况类似。这就是 8×8 点阵的工作原理。

3.1.2　测试 8×8 点阵

项目任务:了解 8×8 点阵的工作原理之后,本小节先来测试一下手上的 8×8 点阵。

所需器件:■　8×8 点阵　　1 个

　　　　　■　杜邦线　　　若干

　　　　　■　100 Ω 电阻　1 个

电路操作:图 3-4 中带圆圈的数字表示的是 8×8 点阵的引脚,共有 16 个。8×8 点阵的引脚定义:以 8×8 点阵有字侧面为基准,该面对应一排引脚,将有字面向下,自左下角的引脚起,从左往右依次是 1～8 脚,上方的引脚是从右向左依次为 9～16 脚,如图 3-5 所示。

依照引脚定义,如果想让左上角的 LED 点亮,那么就需要在引脚 9 输入一个高电平,而引脚 13 输入一个低电平。具体的连接如图 3-6 所示,8×8 点阵的引脚 9 通过红色杜邦线直接接到主控板电源引脚(3.3 V),引脚 13 串联了一个分压电阻接到了 GND,此时左上角的 LED 点亮。

说明：如果通过上述操作没有点亮 8×8 点阵左上角的 LED,那么可以尝试交换一下高低电平,即引脚 9 连接到 GND,引脚 13 连接到电源引脚。和数码管区分共阳和共阴类似,此时8×8 点阵其内部原理图与图 3 - 4 相比,所有 LED 都是反向的。

通过同样的形式可以测试 8×8 点阵上的任意一个 LED,比如想点亮第一排的第二个 LED,则只需要把连接到点阵第 13 脚的蓝色杜邦线连接到点阵的第 3 脚即可。

通过本测试,请读者思考能否在 8×8 点阵的不同行同时点亮不同列的 LED 灯?

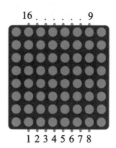

图 3 - 5　8×8 点阵
的引脚定义

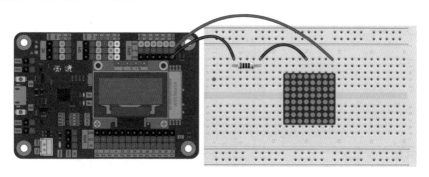

图 3 - 6　测试 8×8 点阵电路示意图

3.2　项目二：流水灯示例

项目任务:本项目采用第 2 章学习过的双 74HC595 级联模块驱动 8×8 点阵,从而实现流水灯的效果。

为了帮助读者更好理解 8×8 点阵的工作原理以及 74HC595 移位寄存器的驱动方式,网站提供了通过单片 74HC595 移位寄存器和 GPIO 引脚控制 8×8 点阵的面包板搭设示例,供读者学习参考,下载链接为 http://www.kpcb.org.cn/h-nd-288.html。

所需器件：
- 8×8 点阵　　　　　　　　　　　　1 个
- 双 74HC595 移位寄存器级联模块　　1 块
- 电位器模块　　　　　　　　　　　1 个
- 3P 数据线　　　　　　　　　　　　1 根
- 杜邦线　　　　　　　　　　　　　若干

若不采用双 74HC595 移位寄存器模块,则另需要如下器件：

所需器件：
- 双列直插式 74HC595 移位寄存器芯片　　2 个
- 100 Ω 电阻　　　　　　　　　　　　　16 个
- 面包板　　　　　　　　　　　　　　　1 块

　　电路搭设：如采用双 74HC595 移位寄存器级联模块，则将 8×8 点阵插入即可，插入时注意将 8×8 点阵有字侧和模块提示一致即可。插入 8×8 点阵后级联模块电路连接示意如图 3-7 所示。由图 3-7 可知，8×8 点阵的行 R1～R8 和 74HC595-1 的 Q0～Q7 相连接，列 C1～C8 和 74HC595-2 的 Q0～Q7 相连接。

　　双 74HC595 移位寄存器级联模块和主控电路的电路连接如图 3-8 所示，电路原理图如图 3-9 所示。

　　如采用双列直插式 74HC595 移位寄存器芯片在面包搭设电路，则可参考图 3-7 和图 3-9 进行电路搭设。

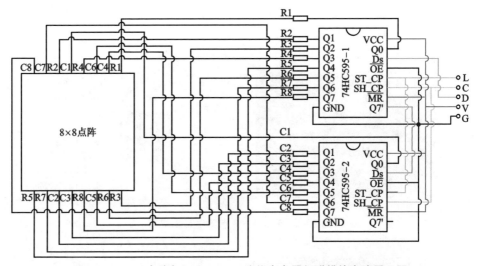

图 3-7　8×8 点阵与双 74HC595 移位寄存器级联模块电路原理图

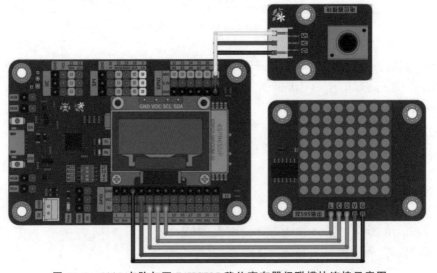

图 3-8　8×8 点阵与双 74HC595 移位寄存器级联模块连接示意图

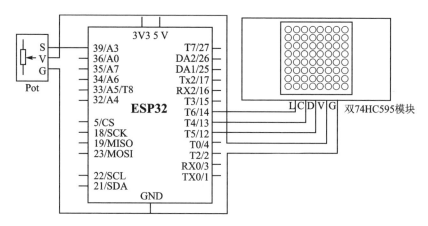

图 3 - 9　8×8 点阵与双 74HC595 移位寄存器级联模块连接电路原理图

程序编写及说明:采用 2 个 74HC595 级联的 8×8 点阵模块只须占用 ESP32 的 3 个引脚。流水灯实现就是依次选择点阵的每一行,同时每一行完成一个流水灯的效果。

图 3 - 10 显示了 8×8 点阵行列控制引脚和两个级联的 74HC595 输出引脚的对应关系。要点亮左上角的 LED,就需要在 R1 输出高电平,R2～R8 输出低电平,同时 C1 输出低电平,C2～C8 输出高电平。

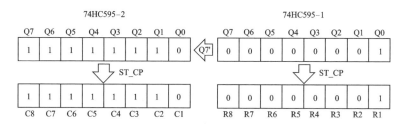

图 3 - 10　8×8 点阵与双 74HC595 移位寄存器级联模块引脚关联示意图

因为控制点阵需要行、列两组数据,所以每次都要发送两组数据到双 74HC595 移位寄存器级联模块,程序中定义了两个变量 dataRow 和 dataCol,用来保存要发送给双 74HC595 移位寄存器级联模块的行、列数据值,对应程序如下:

```
1   const int potPin = A3;            //电位器连接 A3
2   const int dataPin = 12;           //DS(D)
3   const int clockPin = 13;          //SH_CP(C)
4   const int latchPin = 14;          //ST_CP(L)
5
6   byte dataRow;                     //行数据 R1～B8
7   byte dataCol;                     //列数据 C1～C8
8
```

```
9   void setup() {
10      pinMode(clockPin, OUTPUT);
11      pinMode(latchPin, OUTPUT);
12      pinMode(dataPin, OUTPUT);
13      digitalWrite(clockPin, LOW);
14      digitalWrite(latchPin, LOW);
15      analogSetWidth(9);//设置模拟输入分辨率
16   }
17   void loop() {
18      int potVal;
19      for (int r = 0; r < 8; r++) {
20          dataRow = 1 << r;                //将某一位设置为1,其他位为0❶
21          for (int c = 0; c < 8; c++) {
22              dataCol = ~(1 << c);         //将某一位设置为0,其他位为1❷
23              matrixDisplay();             //❸
24              potVal = analogRead(potPin); //获取模拟输入值
25              delay(potVal);
26          }
27      }
28   }
29
30   void matrixDisplay() {
31      shiftOut(dataPin, clockPin, MSBFIRST, dataCol);
32      shiftOut(dataPin, clockPin, MSBFIRST, dataRow);
33      digitalWrite(latchPin, HIGH);
34      digitalWrite(latchPin, LOW);
35   }
```

❶   本例实现流水灯效果,所以数据 dataRow 中每次只有一位为 1,数据 dataCol 中每次只有一位为 0。程序中使用了左移运算符 <<,该运算是将一个二进制位的操作数按指定移动的位数向左移位,移出位被丢弃,右边的空位一律补 0。左移运算符后面的数字就表示移动多少位。比如这里是将二进制数 0b00000001(值为 1)向左移动 r 位,如果 r 为 1,则移动之后的数据就是 0b00000010;如果 r 为 3,则移动之后的数据就是 0b00001000,如图 3-11 所示。

与左移运算符 << 对应的是右移运算符 >>。

	7	6	5	4	3	2	1	0
移位前值为1:	0	0	0	0	0	0	0	1
1<<1左移1位值为2:	0	0	0	0	0	0	1	0
1<<3左移3位值为8:	0	0	0	0	1	0	0	0

图 3-11　位左移示意图

❷　　对于 dataCol 来说,因为每次只有一位为 0,所以在执行完左移运算符 << 之后,对整个数据取"反"。

❸　　这里将显示的代码封装成了一个函数 matrixDisplay,函数中使用两个 shiftOut 函数将对应的数据 dataCol 和 dataRow 发送了出去。注意,要先发送给 74HC595 - 2 的数据。

程序运行:程序上传,8×8 点阵的 LED 灯按照行顺序依次点亮,我们可以通过电位器模块来调节流水灯变化的时间间隔。

3.3　项目三:点阵显示图像

3.3.1　视觉暂留

项目二中可以发现一个有趣的现象,当旋转电位时,LED 灯切换显示的速度越来越快,当定位器旋转至端部时,整个 8×8 点阵都是点亮的。造成这种现象的原因是人眼的视觉暂留。视觉暂留现象又称"余晖效应",1824 年由英国伦敦大学教授皮特·马克·罗葛特在他的研究报告《移动物体的视觉暂留现象》中最先提出。

这一现象是光对视网膜所产生的视觉在光停止作用后仍保留一段时间的现象,这是由视神经的反应速度造成的,其具体应用是电影的拍摄和放映。视觉实际上是靠眼睛的晶状体成像,感光细胞感光,并且将光信号转换为神经电流再传回大脑,从而引起人体视觉。感光细胞的感光是靠一些感光色素,感光色素的形成是需要一定时间的,这就形成了视觉暂停的机理。

视觉暂留现象首先被中国人运用,走马灯便是据历史记载中最早的视觉暂留运用。宋时已有走马灯,当时称"马骑灯"。物体在快速运动时,当人眼所看到的影像消失后,人眼仍能继续保留其影像 0.1~0.4 s 的图像。这个视觉暂留的时间因人而异,读者可以自己的实际情况修改一下延时的时间,看看自己的视觉暂留时间是多少。

3.3.2　显示图像示例

利用视觉暂留现象可以在 8×8 点阵上显示图像。通过前面的内容可以知道,8×8 点阵每次只能显示一行不同的内容,如果行与行之间显示时间间隔很小,那么利用视觉暂留就能看到一副完整的图片了。

项目任务:在 8×8 点阵上显示一个箭头图像。

所需器件:同项目二。

电路搭设:同项目二。

程序编写及说明：这里的图片信息可以用一个一维数组来表示，定义的图片信息数组如下：

```
1  int pic[8] = {0xEF, 0xC7, 0x83, 0x01, 0xEF, 0xEF, 0xEF, 0xFF};
2
3  //int pic[8][8] = {                     //一行的状态用一个 8 位的数据来表示
4  //    {1, 1, 1, 0, 1, 1, 1, 1},         //0xEF
5  //    {1, 1, 0, 0, 0, 1, 1, 1},         //0xC7
6  //    {1, 0, 0, 0, 0, 0, 1, 1},         //0x83
7  //    {0, 0, 0, 0, 0, 0, 0, 1},         //0x01
8  //    {1, 1, 1, 0, 1, 1, 1, 1},         //0xEF
9  //    {1, 1, 1, 0, 1, 1, 1, 1},         //0xEF
10 //    {1, 1, 1, 0, 1, 1, 1, 1},         //0xEF
11 //    {1, 1, 1, 1, 1, 1, 1, 1}          //0xFF
12 //};
```

这里 0 表示 LED 点亮，1 表示 LED 熄灭。数组对应的图案如图 3 - 12 所示。图示是一个向上的箭头的图案。本示例的 8×8 点阵是单色的，只有亮和灭两种状态，所以用一个一维数组就能够表达图片的信息。生活中见到的彩色显示模块中，每一个显示点上有 3 个发光 LED，分别对应红、绿、蓝 3 种颜色。如果要描述这样的图像信息，那么就需要一个二维数组。

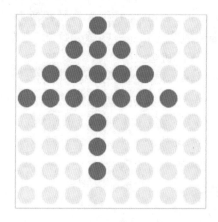

图 3 - 12   二维数组对应的图案

从原理上理解了 8×8 点阵是如何显示图片之后，下面就来看看代码方面如何实现。

```
1  const int dataPin = 12;                 //DS(D)
2  const int clockPin = 13;                //SH_CP(C)
3  const int latchPin = 14;                //ST_CP(L)
```

```
4
5    int pic[8] = {0xEF, 0xC7, 0x83, 0x01, 0xEF, 0xEF, 0xEF, 0xFF};
6    byte dataRow;                                    //行数据 R1～B8
7    byte dataCol;                                    //列数据 C1～C8
8
9    void setup() {
10       pinMode(clockPin, OUTPUT);
11       pinMode(latchPin, OUTPUT);
12       pinMode(dataPin, OUTPUT);
13       digitalWrite(clockPin, LOW);
14       digitalWrite(latchPin, LOW);
15   }
16
17   void loop() {
18       for ( int i = 0; i < = 7; i++)
19       {
20           dataRow = 1 << i;
21           dataCol = pic[i];
22           matrixDisplay();
23       }
24   }
25
26   // ================================
27   //void matrixDisplay()参考项目二示例
28   // ================================
```

程序运行:由于之前流水灯的程序中每一行有 8 种状态,而显示图像的时候,每一行是一次性显示的,所以这个程序看起来还要更简单一些。设置 dataRow 和 dataCol 的值之后,直接调用函数 matrixDisplay 就行了。dataRow 的值还是利用的左移运算符,dataCol 的值就是数组中每个元素的值。

3.4　项目四:点阵动画效果

显示动画实际上就是在两幅或多幅图片之间进行切换,由于图片是靠视觉暂留表现出来的,所以这里不能利用延时来切换图片,必须依靠一些不干扰显示的方法。本节采用的方法是通过查询主控板上电运行的时间,具体应用在稍后程序中介绍。

项目任务:在 8×8 点阵上显示一个跳动的心,即在图 3-13 和 3-14 之间切换。

所需器件:同项目二。

电路搭设:同项目二。

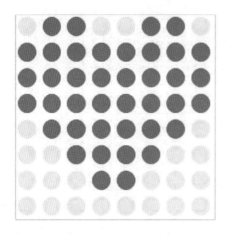

图 3 - 13　显示的大的心形图案

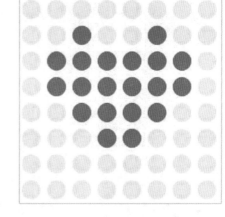

图 3 - 14　显示的小的心形图案

功能实现：这两幅图片用两个数组来描述，分别为 heartB 和 heartS，定义如下：

```
1    int heartB[8] = {0x99, 0x00, 0x00, 0x00, 0x81, 0xC3, 0xE7, 0xFF};
2
3    //int heartB[8][8] = {              //一行的状态用一个 8 位的数据来表示
4    //   {1, 0, 0, 1, 1, 0, 0, 1},      //0x99
5    //   {0, 0, 0, 0, 0, 0, 0, 0},      //0x00
6    //   {0, 0, 0, 0, 0, 0, 0, 0},      //0x00
7    //   {0, 0, 0, 0, 0, 0, 0, 0},      //0x00
8    //   {1, 0, 0, 0, 0, 0, 0, 1},      //0x81
9    //   {1, 1, 0, 0, 0, 0, 1, 1},      //0xC3
10   //   {1, 1, 1, 0, 0, 1, 1, 1},      //0xE7
11   //   {1, 1, 1, 1, 1, 1, 1, 1}       //0xFF
12   //};
13
14   int heartS[8] = {0xFF, 0xDB, 0x81, 0x81, 0xC3, 0xE7, 0xFF, 0xFF};
15
16   //int heartS[8][8] = {              //一行的状态用一个 8 位的数据来表示
17   //   {1, 1, 1, 1, 1, 1, 1, 1},      //0xFF
18   //   {1, 1, 0, 1, 1, 0, 1, 1},      //0xDB
19   //   {1, 0, 0, 0, 0, 0, 0, 1},      //0x81
20   //   {1, 0, 0, 0, 0, 0, 0, 1},      //0x81
21   //   {1,1, 0, 0, 0, 0, 1, 1},       //0xC3
22   //   {1, 1,1, 0, 0, 1, 1, 1},       //0xE7
23   //   {1, 1, 1,1, 1, 1, 1, 1},       //0xFF
24   //   {1, 1, 1, 1, 1, 1, 1, 1}       //0xFF
25   //};
```

下面介绍如何切换图片，这里要使用函数 millis()。8×8 点阵是动态显示，如果使用 delay() 函数，则将暂停程序的运行，也会暂停 8×8 点阵的显示，不能看到完整的效果。

　　millis()函数返回自程序运行起的时间,可以使用一个变量保存一个旧的时间值,然后拿这个值一直和 millis()的返回值比较,当两者的差值大于设定的时间长度时就切换显示图片。这样显示程序一直运行,我们就能够看到图片显示的动态效果。

　　基于上述分析,在程序中定义两个变量,分别是 oldTime 和 flagShow。oldTime 用以保存旧的时间值,而布尔型的 flagShow 用以决定是否切换画面显示。

　　整个动画效果项目代码如下:

```
1   const int dataPin = 12;                    //DS(D)
2   const int clockPin = 13;                   //SH_CP(C)
3   const int latchPin = 14;                   //ST_CP(L)
4
5   unsigned long oldTime = 0;
6   bool flagShow = 0;
7
8   int heartB[8] = {0x99, 0x00, 0x00, 0x00, 0x81, 0xC3, 0xE7, 0xFF};
9   int heartS[8] = {0xFF, 0xDB, 0x81, 0x81, 0xC3, 0xE7, 0xFF, 0xFF};
10  byte dataRow;                              //行数据 R1～B8
11  byte dataCol;                             //列数据 C1～C8
12
13  void setup() {
14      pinMode(clockPin, OUTPUT);
15      pinMode(latchPin, OUTPUT);
16      pinMode(dataPin, OUTPUT);
17      digitalWrite(clockPin, LOW);
18      digitalWrite(latchPin, LOW);
19  }
20
21  void loop() {
22      //利用函数 millis()和变量 oldTime 来定时    ❶
23      //设定切换时间间隔为 1 s,即 1 000 ms
24      if (millis() - oldTime > = 1000)
25      {
26          oldTime = millis();                //将当前的时间值赋值给 oldTime
27          flagShow = ! flagShow;             //变换 flagShow 的值
28      }
29      for ( int i = 0; i < = 7; i++ )
30      {
31          dataRow = 1 << i;
32          if (flagShow) //如果 flagShow 为真显示大的心,否则显示小的心❷
33              dataCol = heartB[i];
34          else
35              dataCol = heartS[i];
36          matrixDisplay();
37      }
38  }
```

```
39
40 // ==================================
41 //void matrixDisplay()参考项目二示例
42 // ==================================
```

❶ 　在下面这段 if 语句块中,当 millis()和 oldTime 之间超过设定的切换时间时,flagShow 的值改变,同时将当前的时间值赋给 oldTime。程序设定的切换时间为 1 s,即 1 000 ms。

❷ 　控制显示部分使用 if 语句,通过 flagShow 值决定显示哪幅图片。

程序运行:上传程序应该就能看到在 8×8 点阵上显示一个跳动的心。

3.5　项目五:点阵数显计时器

项目任务:本节的项目是利用 8×8 点阵来显示时间信息,时间信息是二进制和十进制混合显示。整个 8×8 点阵的 64 个 LED 的规划如图 3 - 15 所示。

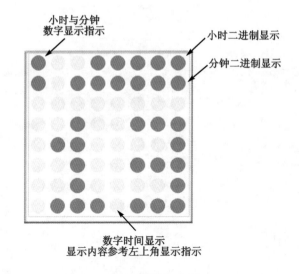

图 3 - 15　点阵计时器效果规划

第一行从右往左的 5 个灯用来表示小时时间的二进制显示,5 个 LED 可表示的最大数是 31,我们只需要显示到 23 就可以了;第二行从右往左的 6 个灯用来表示分钟时间的二进制显示,6 个 LED 可表示的最大数是 63,我们只需要显示到 59 就可以了;第三行作为分割行是不显示任何东西的。

其余 5 行用于水平显示两位数字,每个数字占用 4×5 共 20 个 LED,如图 3 - 15 中显示的数字 13 所示。当第一行的第一个 LED 点亮时,下方的数字区就显示小时数;当第二行的第一个 LED 点亮时,下方的数字区就显示分钟数。第一、二行的首个

LED 同一时间只有一个点亮。通过一个按键模块来切换两行内容显示,该按键模块
连接到 GPIO32 引脚。

　　所需器件:■　　按键模块　　　1 个
　　　　　　　■　　其他同项目二

　　电路搭设:按键模块连接到 GPIO32,其他同项目二。

　　程序设计及说明:

```
1   constint pushButton = 32;              //按键模块连接到 GPIO32
2   const int dataPin = 12;                //DS(D)
3   const int clockPin = 13;               //SH_CP(C)
4   const int latchPin = 14;               //ST_CP(L)
5   byte dataRow;                          //行数据 R1～B8
6   byte dataCol;                          //列数据 C1～C8
7   unsigned int oldTime;
8   int valueH = 11;                       //定义变量,保存小时,初始值为 11 小时
9   int valueM = 11;                       //定义变量,保存分钟,初始值为 11 分钟
10  int valueS = 11;                       //定义变量,保存秒,初始值为 11 秒
11  //数组 pic,初始状态下数组 pic 中的数据都是 0xFF,即 64 个 LED 都熄灭
12  byte pic[] = {0xFF, 0xFF, 0xFF, 0xFF, 0xFF, 0xFF, 0xFF, 0xFF};
13
14  //创建一个 10×5 的数组 picNum 来保存 0～9 这 10 个数字的点阵信息
15  byte picNum[10][5] = {
16    {0x8,0xA,0xA,0xA,0x8},    //0
17    {0xD,0x9,0xD,0xD,0x8},    //1
18    {0x8,0xE,0x8,0xB,0x8},    //2
19    {0x8,0xE,0x8,0xE,0x8},    //3
20    {0xA,0xA,0x8,0xE,0xE},    //4
21    {0x8,0xB,0x8,0xE,0x8},    //5
22    {0x8,0xB,0x8,0xA,0x8},    //6
23    {0x8,0xE,0xD,0xD,0xD},    //7
24    {0x8,0xA,0x8,0xA,0x8},    //8
25    {0x8,0xA,0x8,0xE,0x8}     //9
26  };
27
28  void setup(){
29    LED_Init();                          //初始化连接 LED 矩阵的引脚❶
30    //初始化连接轻触按键的引脚
31    pinMode(pushButton, INPUT);
32    oldTime = millis();
33  }
34
35  void loop(){
```

```
36    Draw_Pic();                                    //控制点阵显示❷
37
38    //利用函数 millis()和变量 oldTime 来计时❸
39    if(millis() - oldTime > = 1000)
40    {
41      oldTime = millis();
42      valueS = valueS + 1;                          //秒的变量加 1
43      //判断秒的变量是否达到 60 秒,如果达到 60 秒就要进位,则分钟数加 1
44      if(valueS > = 60)
45      {
46        valueS = 0;
47        valueM = valueM + 1;
48
49        //判断分钟的变量是否达到 60,如果达到 60 就要进位,则小时数加 1
50        if(valueM > = 60)
51        {
52          valueM = 0;
53          valueH = valueH + 1;
54          if(valueH > = 24)                         //判断小时的变量是否达到 24
55            valueH = 0;
56        }
57        Show_Bin(valueH,valueM);                    //以二进制方式显示小时和分钟❹
58      }
59
60      //判断按键的状态,以决定数字显示区是显示小时还是分钟
61      if(digitalRead(pushButton)){
62        //如果按键按下则显示小时值,同时切换左上角的显示指示
63        pic[0] & = ~(1 << 7);                       // ❺
64        pic[1] | = 1 << 7;
65        Show_Num(valueH);                           // ❻
66      }
67      else{
68        //如果按键抬起则显示分钟值,同时切换左上角的显示指示
69        pic[0] | = 1 << 7;                                              ❺
70        pic[1] & = ~(1 << 7);
71        Show_Num(valueM);                                              ❻
72      }
73    }
74 }
75 // ===========================
76 //连接 LED 矩阵的引脚初始化
77 // ===========================
78 void LED_Init(void){
79   pinMode(clockPin, OUTPUT);
80   pinMode(latchPin, OUTPUT);
81   pinMode(dataPin, OUTPUT);
82   digitalWrite(clockPin, LOW);
```

```
83    digitalWrite(latchPin, LOW);
84  }
85  // ==========================
86  //根据变量数组 pic 绘制显示区
87  // ==========================
88  void Draw_Pic(){
89    for ( int i = 0; i < = 7; i++)
90    {
91      dataRow = 1 << i;
92      dataCol = pic[i];
93      shiftOut(dataPin, clockPin, LSBFIRST, dataCol);
94      shiftOut(dataPin, clockPin, MSBFIRST, dataRow);
95      digitalWrite(latchPin, HIGH);
96      digitalWrite(latchPin, LOW);
97    }
98  }
99  // ==========================
100 //以二进制方式显示时间
101 // ==========================
102 void Show_Bin(int _hour, int _min){
103   pic[0] = ~_hour;
104   pic[1] = ~_min;
105 }
106 // ==========================
107 //数字区显示
108 // ==========================
109 void Show_Num(int _value){
110   for (int i = 3; i < 8; i++)
111   {
112     pic[i] = picNum[_value / 10][i-3];
113     pic[i] = pic[i] << 4 | picNum[_value % 10][i-3];
114   }
115 }
```

❶　　　初始化连接 LED 矩阵的引脚,函数实现见 78 行。

❷　　　控制 8×8 点阵显示,函数实现见 88 行。程序中,函数 Draw_Pic 的功能是根据数组 pic 中的数据控制 8×8 点阵中 LED 的亮灭。因此,要实现程序的功能,主要是根据要求不断更新数组 pic 的值。

❸ 程序的计时功能,利用函数 millis()和变量 oldTime 来定时,让变量 valueS 逐渐递增,valueS 的值达到 60 的时候,变量 valueM 加 1;而当 valueM 的值达到 60 的时候,变量 valueH 加 1,valueH 的最大值为 24,当达到 24 的时候归零。

❹ 以二进制方式显示小时和分钟的值,函数实现见 102 行。对于二进制时间的显示部分,由于控制点阵是 0 对应点亮 LED,所以要把相应的数据整个取反。

❺ 控制第一、二行的第一个 LED,用以指示 4~8 行显示的数字是小时还是分钟。当想让一个 8 位二进制数的某一位置 1 时,则将这一位与 1 进行一个"或运算",将这一位置 1,其他位与 0 进行"或运算",则其他位不受影响。程序中使用了移位运算符,因为这里要设置最高位第 7 位(从 0 位开始数),所以是 1<<7,即得到 0b10000000;当这个二进制数与其他数进行"或操作"的时候,最高位因为是 1,就会置 1,而其他位则保持原数不变。如果想将某个数的第 3 位置 1,只要将这个数与 1<<3 进行"或操作"即可。

同理,当想让一个 8 位二进制数的某一位置 0 时,则将这一位与 0 进行一个"与运算",将这一位置 0,而其他位与 1 进行与运算,不受影响。程序中使用了移位运算符并取反,代码是~(1<<7),即得到 0b01111111。当这个二进制数与其他数进行与操作的时候,最高位因为是 0 就会置 0,而其他位则不影响原来的数。如果想将某个数的第 4 位置 0,只要将这个数与~(1<<4)进行"与操作"即可。

❻ 显示对应的数字值,函数实现见 109 行。函数中依然用到了左移运算符,另外,高 4 位和低 4 位通过"或运算"结合。

程序运行:上传程序能看到在 8×8 点阵上显示出对应的数字,如果按下按键模块,则切换小时和分钟的值。这说明点阵数显计时器已经能够正常工作了。在下一章中还会继续深入介绍如何设置时间以及存储时间。

3.6 思考题

1. 一个双色的不带驱动的 8×8 点阵至少有几个控制引脚?

2. 单独控制两片 74HC595 移位寄存器芯片与控制两片级联 74HC595 移位寄存器芯片各有什么不同?

3. 如何通过 millis()函数实现 delay()函数的暂停效果?

4. 如何通过位操作符实现置位和复位操作?

5. 如何制作一个测试自己视觉暂留时间的装置?

6. 除了利用 millis(),还有什么其他的计时方式?

第4章 串行通信——UART

前几章中，主控板传递给 74HC595 移位寄存器芯片的数据是一位一位（高电平或者低电平）发送的，从广义的角度来讲，这样的通信方式为串行通信。

串行通信与并行通信是一对相对概念。串行通信基于单条数据线，将数据一位一位地依次传输，每一位数据占据一个固定的时间长度。只需要少数几条线就可以在系统间交换信息，主要使用于计算机与计算机、计算机与外设之间的远距离通信。并行通信是一组数据的各数据位在多条线上同时被传输，适合于短距离、高速率的数据传送。ESP32 主控板和计算机连接的 USB 也是串行通信。

第 3 章通过编写代码实现串行通信。随着集成电路技术的不断发展，在嵌入式领域逐渐形成了一些标准化的串行通信方式，这些标准化的串行通信方式使用起来也更简单，不会占用集成电路主程序的执行时间。

嵌入式系统常用的串行通信方式有 UART、I²C 和 SPI。本章就来介绍嵌入式领域常见的 UART 串行通信。

本章内容分为如下几个方面：
- UART 接口串行通信；
- 报文的定义；
- 使用 EEPROM 存储数据；
- 蓝牙通信。

4.1 UART 基础知识

4.1.1 UART 定义

UART 的正式名称为通用异步接收器/发送器（Universal Asynchronous Receiver/Transmitter），通常集成在主控制器中。UART 之所以被称为异步，是因为数据在发送的时候不需要额外发送一个时钟信号，这样能保证占用最少的引脚资源（有时钟信号的称为同步）。UART 控制器设有一定容量的缓冲区，用于存储通信时的数据。

通常，UART 连接使用两条信号线传送数据，分别为数据发送端 TX 及数据接收端 RX。

与普通电话线一样，UART 通信时，一端的数据发送端（TX）连接到另一端的数据接收端（RX），反之亦然。连接形式如图 4-1 所示。

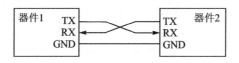

图 4-1　UART 连接形式

注意：不要将 5 V 的 UART 器件输出连接到 3.3 V 的 UART 器件输入端，否则可能损坏 3.3 V 的 UART 器件。

在对 74HC595 移位寄存器芯片的操作中，当 SH_CP 引脚上升沿时，将 DS 引脚的数据移入 74HC595 移位寄存器芯片中。SH_CP 控制着数据写入的节奏和速度，这样的控制线称为时钟线，其上的信号称为时钟信号，每一个时钟信号都会写入一位的数据。

在有时钟信号的串行通信中，接收设备只要等待时钟信号来获取传入的数据即可，而对于没有时钟信号的 UART 来说，如何来保证数据的正确性呢？

4.1.2　波特率

为了保证正常的通信，首先要保证发送端和接收端处理数据的频率一致。例如，发送端每秒发送一位数据，那么接收端也必须是每秒读取一位数据，否则就会造成通信数据的错误。在串口监视器窗口中经常会显示奇怪的数字，原因就是收发双方的波特率不一致。

在串行通信中，数据发送和接收的频率通常指单位时间内传输的信息量，可用比特率和波特率来表示。

比特率是指每秒传输的二进制位数，用 bps(bit/s)表示。

波特率是指每秒传输的符号数，若每个符号所含的信息量为 1 比特，则波特率等于比特率。在数字电路中，一个符号的含义为高电平或低电平，它们分别代表"1"和"0"，所以每个符号所含的信息量刚好为 1 比特，因此，常将比特率称为波特率，即：

1 波特(B)= 1 比特(bit)= 1 位/秒(1 bps)

常用的波特率有 110、300、600、1 200、2 400、4 800、9 600、19 200、38 400、115 200 等，最常用的是 9 600。

4.1.3　起始位、停止位及校验位

确定了波特率还不够，通信中还需要知道什么时候开始发送数据、什么时候数据发送结束，否则有可能因为数据的错位造成通信的错误。

UART 通信会遵循一定的格式，一个完整的 UART 数据格式如图 4-2 所示。

图 4 - 2　完整的 UART 数据格式

UART 发送的数据一般由 4 部分组成,分别为起始位、数据位、校验位和停止位。

在发送数据时,首先会发送一个低电平,表示要开始传输数据了,这个低电平被称为起始位。之后是对应的数据位(通常为 7 位或 8 位,可以设置),数据位从低位开始传送,最后是校验位(可以设置)和停止位(1 位或者 2 位,可以设置)。在接收端,检测到起始位的下降沿,然后在 1.5 个周期后,对第一位进行采样。随后的每一位在一个周期后进行采样,直到传输约定数量的数据位为止。停止位总是高电平。

校验位用于检验数据传送的正确性,一般分为奇校验和偶校验。传送数据(包含校验位)中 1 的个数是奇数,称为奇校验;传送数据中 1 的个数是偶数,称为偶校验,如图 4 - 3 所示。

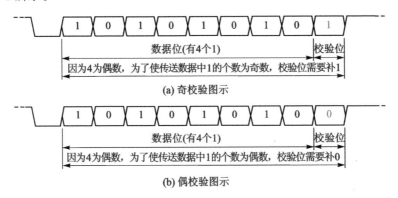

图 4 - 3　奇、偶校验图示

本书后面的例子都使用标准的 8N1 格式,这表示在每个帧中发送 8 位数据,没有奇偶校验位,停止位只有一位。

4.1.4　ASCII 码

ASCII 码是由美国国家标准学会(American National Standard Institute ,ANSI)制定的,其英文全称是 American Standard Code for Information Interchange,它是现今最通用的单字节编码系统,主要是为了解决串行通信中的信息一致性问题。

在计算机中,所有的数据在存储和运算时都用 0 或者 1 来进行,像 a、b、c、d 这样的字母(包括大写共 52 个)以及 0、1 等数字还有一些常用的符号(* 、# 、@ 等)在计算机中都要使用 0 或 1 来表示,而具体用哪些 0、1 组合表示哪个符号,每个人都可以约定自己的一套定义,这个定义称为编码,双方的编码一致就可以通信了。ASCII 编码统一规定了上述常用符号用哪些 0、1 的组合来表示。ASCII 是基于拉丁字母的一套计算机编码系统，主要用于显示现代英语和其他西欧语言。

ASCII 码使用指定的 7 bit 或 8 bit 数据组合来表示 128 或 256 种可能的字符。标准 ASCII 码使用 7 bit 数据来表示所有的大写和小写字母、数字 0～9、标点符号以及在美式英语中使用的特殊控制字符。

其中，0～31 及 127（共 33 个）是控制字符或通信专用字符，如 LF（换行）、CR（回车）、FF（换页）、DEL（删除）、BS（退格）、BEL（响铃）等；通信专用字符有 SOH（文头）、EOT（文尾）、ACK（确认）等；ASCII 值为 8、9、10 和 13 分别转换为退格、制表、换行和回车字符。这些字符并没有特定的图形显示，但会依不同的应用程序，而对文本显示有不同的影响，其余为可显示字符。32～126（共 95 个）是字符（32 是空格），其中，48～57 为 0～9 这 10 个阿拉伯数字。65～90 为 26 个大写英文字母，97～122 号为 26 个小写英文字母，其余为一些标点符号、运算符号等。

Arduino 示例程序 ASCIITable. ino 将可显示的 ASCII 字符以十进制、十六进制、八进制和二进制的形式输出到串口监视器。该示例文件的打开方式为："文件→示例→04. Communication→ASCIITable"。

该示例程序输出效果如图 4－4 所示。

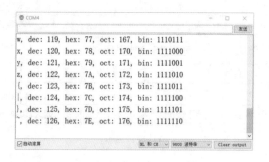

图 4－4　输出可显示 ASCII 码字符示意

4.1.5　ESP32 的 UART 端口

ESP32 上有 3 个 UART 端口，分别为 UART0、UART1 及 UART2，其中，UART1 用于 Flash 读/写。ESP32 for Arduino 中分别对应 Serial、Serial1、Serial2。3 个 UART 对应的引脚如表 4－1 所列。

表 4－1　ESP32 for Arduino 的 UART 端口引脚对应表

引　脚	UART0（Serial）	UART1（Serial1）	UART2（Serial2）
TX	1	10	17
RX	3	9	16

ESP32 开发板上 micro USB 接口是通过一个 USB 转 UART 接口芯片连接到了 UART0,使用该串口上传程序或与计算机交互。1.6 节中开发板驱动安装就安装的是 USB 转 UART 接口芯片的驱动,安装驱动后,当开发板连接到计算机上时,计算机会识别到一个串口。

4.2　项目一：UART 数据发送

Arduino 提供了 Serial 类库,用于对 UART 端口进行数据读/写操作。Serail 类库是系统的核心库,使用时不需要导入库的头文件。

数据发送使用 Serial 类库成员函数。Serial 类库初始化函数及常用的数据发送函数有 begin() 函数、print() 函数、println() 函数及 write() 函数。

详细说明如下:

```
Serial.begin(speed);
Serial.begin(speed,config);
```
功能:初始化串口,该函数可配置串口的各项参数。其中,config 默认为 8N1。
返回值:无。
speed:串口通信的波特率。
config:数据位、校验位、停止位配置。详细可参看 Arduino 帮助手册。

```
Serial.print(val);
Serial.print(val,format);
```
功能:将数据输出到串口。当数据 val 中的每个字符,以 ASCII 码形式输出。
返回值:输出的字节数。
val:输出到串口的数据。
format:当 val 为浮点数时,format 用于指定输出小数的位数(默认 2 位)。当 val 为非浮点数时,format 用于指定输出的进制形式,常用的进制有 BIN(二进制)、OCT(八进制)、DEC(十进制)、HEX(十六进制)。

```
Serial.println(val);
Serial.println(val,format);
```
功能:将数据输出到串口,并回车换行。其他设置与 Serial.print() 函数一致。

```
Serial.write(val);
Serial.write(str);
Serial.write(buf,len);
```
功能:当 val 为字符或字符串时,功能与 Serial.print()函数一致。当 val 为整数时,输出数据本身。

返回值:输出的字节数。

val:输出到串口的整型数。

str:输出的字符或字符串。

buf:整数型的数组。

len:缓冲区的长度。

示例程序:

```
1  void setup() {
2      char i = 48;                          //定义字符型变量
3      byte NUM[] = {48,49,50,51,52,53};
4      Serial.begin(9600);                   //设置串口波特率
5      Serial.println(123);                  //默认输出十进制   123
6      Serial.println(123, BIN);             //输出 123 的二进制   1111011
7      Serial.println(123, HEX);             //输出 123 的十六进制   7B
8      Serial.println(12.3, 3);              //保留三位小数点   12.300
9      Serial.println(12, 3);                //输出 12 的三进制   110
10     Serial.write("ESP32");                //输出字符串本身 ESP32
11     Serial.println();
12     Serial.println("ESP32");              //输出字符串本身 ESP32
13     Serial.write(123);                    //整体输出,显示 ASCII 为 123 的字符
14     Serial.println();
15     Serial.println(i);                    //输出 ASCII 码为 48 的字符 0
16     Serial.write(NUM , 6);                //输出 ASCII 码为数组各元素的字符 012345
17  }
18
19  void loop() {
20  }
```

程序运行:程序上传,打开串口监视器,如没有显示,则单击主控板 EN 按键重新启动。对比输出的结果和程序行,理解 Serial.print()参数的作用以及 Serial.write()的功能。

当 Serial.print()发送一个数据时,Serial 类库发送的并不是数据本身,而是将数据转换成字符,再将字符的 ASCII 码发送出去,串口监视器接收到 ASCII 码,则会显示对应的字符。因此,Serial.print()函数是以 ASCII 码形式输出数据到串口。

函数发送的是数据本身,但串口监视器会将接收到的数值当作 ASCII 码而显示其对应的字符。

4.3 项目二:UART 数据接收

数据接收采用 Serial 类库成员函数。Serial 类库常用的数据接收函数有 available()

函数及 read() 函数,其说明如下:

```
Serial.available();
```
功能:返回 UART 接收缓冲区中的字节数。

返回值:缓冲区中可读取的字节数。

```
Serial.read();
```
功能:从缓冲区读取数据。每读取 1 字节,就会从接收缓冲区移除 1 个字节的数据。

返回值:进入串口缓冲区的第一个字节,如果没有可读数据,则返回 -1。

项目任务:通过 Arduino IDE 的串口监视器发送数据给 ESP32 开发板,ESP32 开发板返回接收到的数据个数,同时将数据逐个发送给串口监视器。

所需器件:无。

电路搭设:无。

程序编写及说明:

```
1  void setup() {
2      Serial.begin(9600);              //设置通信波特率
3  }
4  void loop() {
5    if (Serial.available() > 0) {      //接收缓冲区是否有数据
6      Serial.print(Serial.available()); //输出缓冲区中数据个数
7      Serial.print('\t');              //输出 Tab 制表符
8
9      int incomingbyte = Serial.read(); //读取数据
10     Serial.write(incomingbyte);      //输出接收到的数据❶
11     Serial.print('\t');              //输出 Tab 制表符
12     Serial.println(incomingbyte);    //输出数据的十进制值并回车
13   }
14 }
```

❶　使用 Serial.write()函数发送这个值的时候,在串口监视器中看到的内容是对应的字符。注意串口监视器中的最后一行,因为回车符是不可见的,所以这一行只有两个数,即串行缓冲区中剩余的数据个数和数据对应的十进制数。

程序运行:项目运行效果如图 4 - 4 所示,在 Arduino IDE 的串口监视器中,发送内容文本框位于窗口的正上方,发送按钮在窗口的右上方。在窗口的正下方,设置波特率下拉菜单的左侧还有一个下拉菜单,这里可以选择发送时结束符是什么,有 4 个选项:回车符、换行符、回车符加上换行符以及没有结束符,这里选择的是回车符。

如果输入 hello 这 5 个字符并发送,如图 4 - 5 所示,则在第一行中输出的数据个数为 6,这是因为回车符也算一个字符数。注意,图中发送内容文本框里的 hello 是为了展示重新输入进去的,在串口监视器中单击"发送"按钮之后,发送内容文本框会被清空。

读者还可以更改一下发送时的结束符,看看输出的内容有什么变化。

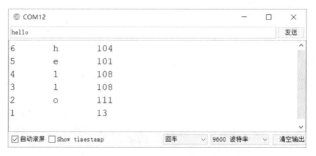

图 4-5　UART 数据接收运行示意

4.4　项目三：设置时间

UART 一般都会按照一定的格式来发送数据,接收端将接收的数据保存到字符串中,再根据预定的格式从字符串中提取数据。下面通过报文的形式完成一个设置时间的例子。

项目任务:本项目的任务是通过串口监视器来设置程序中的时间变量,之后再将设置好的时间变量显示到串口监视器。

所需器件:无。

电路搭设:无。

4.4.1　报文设定

报文是随着不同设备或模块间通信数据量的增大而提出的一种数据包的概念,简单理解,报文就是按照约定好的格式组织起来的数据。报文除了包含将要发送的完整数据信息,还会包含报头(约定数据起始的内容)、报尾(约定数据结束的内容),再复杂一些的还包含数据长度、数据校验等内容。

在较大的项目中约定好通信的报文格式能够减少很多沟通的成本,加快项目的进度,同时也能保证通信中内容的正确性和完整性。报文在传输过程中可能还会不断地封装成其他报文来传输,封装的方式就是添加一些对应的信息段。

下面我们就来实现设定时间的功能,这里设定了一个简单的报文格式,如下:

报头	报文内容			报尾
S	小时	:	分钟	回车符

报文的报头为大写字母 S,表示只有收到 S 才开始接收后面的数据。报文内容为小时数和分钟数,中间以冒号分隔,报尾为回车符。小时时间数和分钟时间数都是

ASCII 码的形式。

4.4.2　字符串解析——Arduino String library

Arduino 提供了字符串 String 类库,该库提供了丰富的成员函数对字符串进行解析处理。下面介绍 String 类库常用的成员函数,以便对接收到的报文进行快速数据处理。

本小节只讲述后续使用到的 String 类库成员函数,分别是 String 对象、length()函数、indexOf()函数、substring()函数、toInt()函数及 endsWith()函数,其他成员函数可参考 Arduino 帮助。

String 对象
功能:建立 String 对象实例。

String.length();
功能:返回字符串对象实例的长度。
返回值:字符串的长度数值。

String.indexOf(val);
String.indexOf(val , from);
功能:自左向右查找字符 val 在字符串对象实例中的位置。
返回值:位置的数值,从 0 开始。
val:查找的字符。
from:查找的起始位置。

String.substring(from);
String.substring(from , to);
功能:从字符串对象实例中截取指定位置的字符串。
返回值:截取后的字符串。
from:截取的起始位置,起始位置从 0 开始。
to:截取的终止位置。截取的字符串不包含该位置的字符。

String.toInt();
功能:将字符串转换成整数。
返回值:转换后的整数。

String.endsWith(String1);
功能:判断当前字符串是否以 String1 结尾。
返回值:true/false。当前字符串以 String1 结尾,返回值为 true,否则为 false。

4.4.3 接收数据流程

由于报文是一个数据一个数据接收的,而我们必须收到所有的报文才能够设置时间,因此程序中定义了一个布尔变量 state 来保存数据接收的状态。

收到数据后,即 Serial. available() > 0 时,首先判断 state 的值。

当 state 为 0 的时候,表示没有收到任何的数据,处于等待数据的状态;如果这时收到的数据是 S,则将 state 设置为 1,表示进入到接收数据的状态。而当 state 为 1 的时候,如果这时收到回车符,则将 state 设置为 0,表示重新进入等待数据的状态,同时会处理之前收到的数据。收到的数据放在字符串 receData 中。

接收数据的流程如图 4 - 6 所示。

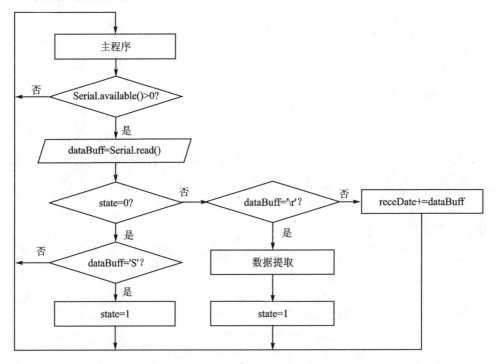

图 4 - 6 接收数据流程图

对应的程序如下:

```
1  boolean  state = 0;              //状态变量,判断是否有报文输入
2  string receData = "";            //定义字符串对象实例并赋初值
3  int valueH = 0;                  //保存小时的值
4  int valueM = 0;                  //保存分钟的值
5
```

```
6   void setup() {
7     Serial.begin(9600);
8   }
9   void loop() {
10    if (Serial.available() > 0) { //是否有数据输入
11      char dataBuff = Serial.read(); //读取串口缓冲区
12      //如果有串口数据,判断 state 的状态值
13      if (state == 0)
14      {
15        //当 state 为 0 时,表示正在等待数据
16        //如果收到了大写字母 S,则进入接收数据状态
17        if (dataBuff == 'S')
18        {
19          state = 1;
20          receData = "";              // ❶
21        }
22      }
23      else
24      {
25        //当 state 为 1 时,表示处在接收报文内容的状态
26        if (dataBuff == '\r')
27        {
28          //如果收到了回车符,表示数据接收完毕
29          state = 0;
30          //处理接收的数据    ❷
31          int sLen = receData.length();
32          //判断输入的报文数据长度是否大于 0
33          if (sLen == 0) {
34            Serial.println("No data received!");
35          }
36          else
37          {
38            String sHours, sMinu;
39            int i = receData.indexOf(':');
40            // 将报文中小时和分钟数据取出,字符串类型    ❸
41            sHours = receData.substring(0, i);
42            sMinu = receData.substring(i + 1);
43            valueH = shours.toInt(); // 将报文中小时数据转换成整数
44            valueM = sminu.toInt();  // 将报文中分钟数据转换成整数
45
46            // 判断小时和分钟数据是否越界
47            if ((valueH > 23) || (valueM > 59)) {
48              Serial.println(" Error message received!");
49            }
50            else {
```

```
51              Serial.printf("Set Hours:% d    Minutes:% d\n", valueH, valueM);
52          }
53        }
54      }
55    else
56    {
57      receData += dataBuff; // 将接收到的字符追加到 receData 后
58    }
59  }
60 }
61 }
```

❶ | 进入接收数据状态时将字符串 recedata 清空。

❷ | 29～61 行的内容为处理数据的代码,其流程说明如图 4-7 所示。

❸ | 提取小时和分钟的数据时,用到了字符串处理的函数。

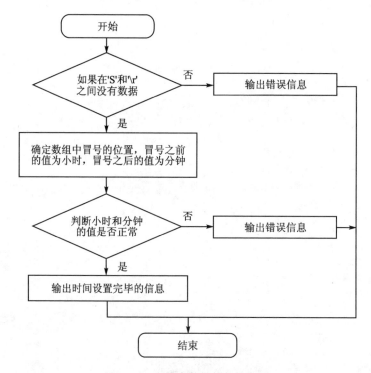

图 4-7　字符串数据解析流程图

　　程序运行:代码上传完成后就可以打开串口监视器窗口试验一下,注意要在窗口的中下方选择回车,表示数据发送完成之后会以回车符结束,如图 4-8 所示。

　　程序运行时,当我们按照报文格式发送了设定的时间值给控制板之后,就会得到设置成功的反馈。上面的程序用来保存小时、分钟的变量为 valueH、valueM,这和第 3 章项目四点阵数显计时器中的变量名一样,读者可以尝试将串行通信设置时间

图 4-8　通过串口监视器窗口设置时间

的代码融入到点阵数显计时器项目中。

4.4.4　其他接收函数

上面的接收数据的例子使用了 Serial. read()函数。Serial 库还提供了其他功能的数据接收函数。常用的成员函数有 find()、findUntil()、parseFloat()、parseInt()、peek()及 readBytes()。

函数的详细说明如下:

Serial.find(target)
功能:从串行缓冲区中查找目标数据,直至读到指定的字符串。
返回值:boolean 类型,true 表示找到,false 表示没有找到。
target:要搜索的字符串或字符。

Serial.findUntil(target, terminal)
功能:从串行缓冲区中查找目标数据,直至读到指定的字符串或指定的停止符。
返回值:boolean 类型,true 表示找到,false 表示没有找到。
target:要搜索的字符串或字符。
terminal:要搜索的结束字符。

Serial.parseFloat()
功能:从串行缓冲区返回第一个有效的浮点数,浮点数之前的内容都会被忽略掉。如果超时,函数将终止。在一段包含很多浮点数的字符串中,我们可以多次使用这个函数来逐个获取每一个浮点数。
返回值:float 类型的数据。

Serial.parseInt()
功能:与 Serial.parseFloat()功能类似,不同的是这个函数返回的数据类型为整型。
返回值:int 类型的数据。

Serial.peek()

功能:与 Serial.read()功能类似,不同的是这个函数执行的时候不会把串行缓冲区中的数据删掉。这表示执行了这个函数之后再执行 Serial.read(),那么读出的值是一样的。

返回值:缓冲区的第一个字节的数据。

Serial.readBytes(buffer, length)

功能:从串行缓冲区读取指定长度的字符到 buffer 中,读取了确定的长度时超时函数就会终止。

返回值:读入到 buffer 的字符数。

buffer:用于存储字节的缓冲区。

length:要读取的字节数。

4.5 项目四:请输入密码

之前的项目实现了通过串口监视器来设置程序中的变量,如果主控板断电或重启后,这些变量又变回默认的值。有没有一个数据存储之后掉电也不会丢失的地方呢?

4.5.1 EEPROM 简介

EEPROM 是一种掉电后数据不丢失的存储芯片,可以理解成我们的硬盘,不过通常 EEPROM 容量都比较小。与 UART 芯片类似,EEPROM 最初也是独立的集成电路,这些芯片可以通过串行接口与微控制器通信,从而实现数据的读/写,不过现在都会集成在主微控制器中,如 Arduino 上的 AVR 微控制器。

ESP32 中的 EEPROM 与 AVR 微控制器中的 EEPROM 又不同,ESP32 中的 EEPROM 是在其 Flash 中开辟的存储区域,所以在初始化的时候可以指定 EEPROM 的大小。

4.5.2 EEPROM 库

ESP32 for Arduino 提供的 EEPROM 读/写类库头文件为 EEPROM.h。ESP32 和 Arduino UNO/Nano 读/写 EEPROM 的库函数不完全一致。ESP32 提供的 EEPROM 类库的成员函数有 begin() 函数、write() 函数、commit()及 read() 函数。

函数的详细说明如下:

EEPROM.begin(size)

功能:设定 EEPROM 的大小,默认的 EEPROM 对象大小为 4 096 字节。

返回值:boolean 类型,true 表示设定成功,false 表示设定不成功。

Size:EEPROM 的大小数值。

```
EEPROM.write(addr,data)
```
功能:往 EEPROM 中写数据。

返回值:无返回值。

addr:表示地址。

Data:表示要写入的数据。

```
EEPROM.commit()
```
功能:提交数据。使用 EEPROM.write(addr,data) 写入数据之后,必须要通过 EEPROM.commit() 函数将数据确定保存到 EEPROM 中。

返回值:boolean 类型,保存成功返回值为 true,否则返回值为 false。

```
EEPROM.read(addr)
```
功能:从 EEPROM 中读取一个字节数据。

返回值:读取的字节数据。

addr:表示读取数据的地址。

4.5.3　设置初始密码

项目任务:本小节来实现一个设置密码的功能,这个密码会保存在 EEPROM 当中,即使主控板掉电,密码也会保存下来。密码通过报文设置,设置密码的前提是要通过报文输入正确的密码进入管理员模式。设置完密码后自动退出管理员模式。

设置密码报文	报头	报文内容	报尾
	S	8 位密码	回车符
进入管理员模式报文	报头	报文内容	报尾
	P	8 位密码	回车符

所需器件:无。

电路搭设:无。

完成这个功能需要两个步骤,第一步是要设置初始密码。

程序编写及说明:设置初始密码的程序如下:

```
1  # include "EEPROM.h";           //导入 EEPROM 库
2  String pswd = "12345678";        //初始密码
3
4  void setup() {
5    EEPROM.begin(8);               //设定 EEPROM 的大小为 8 个字节
6    for (int i = 0 ; i < 8; i++)
7    {
8      EEPROM.write(i,pswd[i]);
```

```
9    }
10    EEPROM.commit();
11  }
12  void loop() {
13  }
```

程序运行：由于初始密码设置只需要执行一遍，所以放在 setup()函数中，这里设置的初始密码为"12345678"。程序运行后，密码数据写入到 EEPROM 中。

4.5.4 修改密码

设置了初始密码之后，下面就可以真正开始完成设置密码的功能了。

程序编写及说明：整个项目的程序如下：

```
1   # include "EEPROM.h";
2
3   boolean   state = 0;                   //状态变量，判断是否有报文输入
4   boolean   modeFlag = 0;                //用户模式,1 为管理员模式
5
6   String receData = "";                  // 定义字符串对象实例并赋初值
7   String pswd = "";
8
9   void setup() {
10    Serial.begin(9600);
11    EEPROM.begin(8);                     //设定 EEPROM 的大小
12    for (int i = 0 ; i < 8; i++)
13    {
14      pswd += char(EEPROM.read(i));      //读取 EEPROM 数据❶
15    }
16    Serial.println("USER MODE!");
17  }
18
19  void loop() {
20    if (Serial.available() > 0) {        // 是否有数据输入
21      char dataBuff = Serial.read();     // 读取串口缓冲区
22
23      if (state == 0)                    //如果有串口数据，判断 state 的状态值
24      {
25        //当 state 为 0 时，表示正在等待数据
26        //如果收到了大写字母 S 或 P，则进入接收数据状态
27        if (dataBuff == 'S' || dataBuff == 'P')
28        {
```

```
29          state = 1;
30          receData = dataBuff;
31        }
32      }
33    else
34      {
35        //当 state 为 1 时,表示处在接收报文内容的状态
36        if (dataBuff == '\r')
37        {
38          //如果收到了回车符,表示数据接收完毕
39          state = 0;
40          //处理接收的数据
41          int slen = receData.length();   // 判断数据长度
42          if (slen ! = 9) {
43            Serial.println("Error message received!");
44          }
45          else
46          {
47            String newPswd = receData.substring(1);
48
49            if (receData[0] == 'P' && newPswd == pswd)
50            {
51              modeflag = 1;
52              Serial.println("MANAGER MODE!");
53            }
54
55            if (receData[0] == 'S' && modeFlag == 1)   //❷
56            {
57              pswd = newPswd;
58              for (int i = 0 ; i < 8; i++)
59              {
60                EEPROM.write(i, pswd[i]);   //保存数据❸
61              }
62              EEPROM.commit();
63              Serial.println("PASSWORD RESET!");
64              Serial.print("NEW PASSWORD IS:");
65              Serial.println(pswd);
66              modeFlag = 0;
67              Serial.println("USER MODE!");
68            }
69          }
70        }
```

```
71        else
72        {
73          receData += dataBuff;  // 将接收到的字符追加到 receData
74        }
75      }
76    }
77  }
78
```

❶ 读取数据的位置只有一处，就是当程序重新运行时执行的 setup 函数中，此时会把保存密码读到变量 pswd 中。注意，这里一定要已经设置过了初始密码，否则可能读出来一个随机的密码。

❷ 只有在管理员模式下才能修改密码。

❸ 重设密码后需要将新密码保存到 EEPROM 中。

程序运行：代码上传完成后可以打开串口监视器窗口试着修改一下密码，效果如图 4-9 所示。

图 4-9　修改密码操作

在发送内容文本框中首先输入"P12345678"进入管理员模式（之前设定的初始密码为 12345678），然后这里输入"S11210928"将新密码设置为 11210928，此时输出框中会提示密码重设，并显示一遍新密码，最后退出管理员模式。

4.6　项目四：蓝牙控制

4.6.1　蓝　牙

蓝牙，是一种短距离通信（一般 10m 内）的无线电技术，能在包括移动电话、PDA、无线耳机、笔记本电脑、相关外设等众多设备之间进行无线信息传输。利用蓝牙技术能够有效地简化通信终端设备之间的通信，使数据传输变得更加迅捷高效。

ESP32 支持经典蓝牙（Classic Bluetooth）和低功耗蓝牙（Bluetooth Low Energy）两种模式,本书主要讲述经典蓝牙模式的使用。

ESP32 提供了 BluetoothSerial 类库,利用该类库提供的成员函数,我们可以使用 ESP32 的经典蓝牙模式进行串行通信。

4.6.2　BluetoothSerial 库

ESP32 for Arduino 安装时自带 BluetoothSerial 类库,该类库没有蓝牙密码设置函数。如采用本书 1.5 节方式二和方式三安装的 ESP32 for Arduino,则需要更新 BluetoothSerial 库及相关系统文件。如采用解压 Arduino_1.8.9_ESP32.zip 和方式一安装的 ESP32 for Arduino,则不需要下载更新。

BluetoothSerial 类库更新下载链接为 http://www.kpcb.org.cn/h-nd-288.html,下载解压后按照说明更新 BluetoothSerial 类库。

BluetoothSerial 类库帮我们建立了一个移动终端连接到 ESP32 的 UART 接口,方便了移动终端设备与 ESP32 的数据传输。BluetoothSerial 类库类似 Serial 类库的简单版本,只包含了基本的数据读/写函数,包括 begin()函数、pinCode()函数、write()函数、available()函数及 read() 函数。

函数的详细说明如下:

```
BluetoothSerial.begin( localName);
功能:初始化并制定蓝牙设备名称。
返回值:boolean 类型,true 表示初始化成功,false 表示初始化不成功。
localName:蓝牙设备名称字符串。

BluetoothSerial.pinCode(pwd);
功能:设定蓝牙设备的配对密码。
返回值:boolean 类型,true 表示设定成功,false 表示设定不成功。
pwd:是蓝牙设备的配对密码,类型是字符串,字符串长度 1~16 位。

BluetoothSerial.write(data);
功能:发送单个数据。
data:所要发送的数据。

BluetoothSerial.available();
功能:返回接收缓冲区接收到的字节数量。
返回值:整数类型,接收缓冲区中字节数。

BluetoothSerial.read();
功能:从缓冲区读取数据。每读取 1 字节,就会从接收缓冲区移除一个字节的数据。
返回值:进入接收缓冲区的第一个字节。
```

4.6.3　手机控制

了解 BluetoothSerial 库的函数之后，本小节通过一个示例来看看如何应用 ESP32 的经典蓝牙功能。

项目任务：使用手机 APP，通过蓝牙发送信息来调整 8×8 点阵计时器的分钟值。

所需器件：与第 3 章项目四相同。

电路搭设：与第 3 章项目四相同。

手机端的应用程序选用的是一款用 APP Inventor 完成了一个较为通用的蓝牙通信应用，其界面如图 4 - 10 所示。其中，Select Dev 按钮用来搜索蓝牙设备；connect/disconnect 按钮用来连接或断开连接蓝牙设备；enable Acc 按钮用来使能手机的姿态传感器，打开后软件会通过蓝牙一直发送手机的姿态值；disable Acc 按钮用来关闭手机的姿态传感器。

剩下的控件中，单击 U、S、D、L、R、A、B、C 这几个按钮，则应用发送这几个字母相应的小写值。

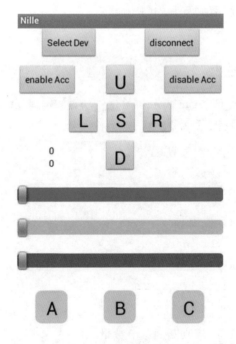

图 4 - 10　手机应用界面

如果使用中间的 3 个滑动条，则会发送 R、G、B 这 3 个大写字母，同时后面会跟着发送进度条的位置值，最左侧为 0，最右侧为 255。可以用它们来实现一些需要调整状态的物理设备，比如灯的亮度或电机的转速。

APP 下载链接为 http://www.kpcb.org.cn/h-nd-288.html 或 http://coding-code.org/cc/wp-content/uploads/2018/02/BTCtrl.zip。

本节实现的功能很简单,只用到应用中两个按钮,当按下 U 时,8×8 点阵计时器的分钟值加 1;按下 D 时,8×8 点阵计时器的分钟值减 1。

程序编写及说明:整个项目的代码是在第 3 章项目四的代码基础之上完成的,如下:

```
1   # include "BluetoothSerial.h"
2   BluetoothSerial SerialBT;              //定义蓝牙对象❶
3
4   int pushButton = 32;                   //指定按键连接引脚为 32
5   const int dataPin = 25;                //DS
6   const int clockPin = 26;               //SH_CP
7   const int latchPin = 27;               //ST_CP
8   byte dataRow;                          //行数据 R1～B8
9   byte dataCol;                          //列数据 C1～C8
10  unsigned long oldTime;
11  int valueH = 11;
12  int valueM = 11;
13  int valueS = 11;
14  int pic[8] = {0xFF, 0xFF, 0xFF, 0xFF, 0xFF, 0xFF, 0xFF, 0xFF};
15
16  //创建一个 10×5 的数组 picNum 来保存 0～9 这 10 个数字的点阵信息
17  byte picNum[10][5] = {
18    {0x8,0xA,0xA,0xA,0x8},               //0
19    {0xD,0x9,0xD,0xD,0x8},               //1
20    {0x8,0xE,0x8,0xB,0x8},               //2
21    {0x8,0xE,0x8,0xE,0x8},               //3
22    {0xA,0xA,0x8,0xE,0xE},               //4
23    {0x8,0xB,0x8,0xE,0x8},               //5
24    {0x8,0xB,0x8,0xA,0x8},               //6
25    {0x8,0xE,0xD,0xD,0xD},               //7
26    {0x8,0xA,0x8,0xA,0x8},               //8
27    {0x8,0xA,0x8,0xE,0x8}                //9
28  };
29
30  void setup(void){
31    LED_Init();                          //初始化连接 LED 矩阵的引脚
32    SerialBT.begin("ESP32NILLE");        //初始化蓝牙接口❷
33    SerialBT.pinCode("1234");
```

```
34      //初始化连接轻触按键的引脚
35      pinMode(pushButton, INPUT_PULLDOWN);
36      oldTime = millis();
37  }
38
39  void loop(void){
40      Draw_Pic();                          //控制点阵显示
41
42      //接收蓝牙数据处理代码❸
43      if (SerialBT.available())
44      {
45          int dataBuff = SerialBT.read();
46          if (dataBuff == 'u')             //如果收到字母 u
47          {
48              if (valueM == 59)
49              valueM = 0;
50          else
51              valueM = valueM + 1;
52          }
53
54      if (dataBuff == 'd')                  //如果收到字母 d
55      {
56          if (valueM == 0)
57              valueM = 59;
58          else
59              valueM = valueM - 1;
60          }
61      }
62
63      //以下的代码同第 3 章项目五 36 行之后的代码相同
```

❶ 　首先要添加 BluetoothSerial 库,并设定一个 BluetoothSerial 的对象 Se-rialBT。

❷ 　这里设定的蓝牙设备名称为 ESP32NILLE,对应的配对密码为 1234。

❸ 　43～63 行为接收手机数据并处理的代码。如果收到"u",则使 valueM 的值加 1;如果收到"d",则使 valueM 的值减 1。同时,程序还对 valueM 的值与 59 和 0 相互转变时做了相应处理。

程序运行:程序上传后,可以打开手机端的蓝牙,首先搜索设备 ESP32NILLE 完成配对,然后打开应用程序,通过 select Dev 按钮来选择蓝牙设备,之后会自动连接。

通过 U 和 D 两个按钮来控制显示的分钟值,同样的方式还可以通过其他按钮来控制小时的值,有兴趣的读者可以尝试一下。

这样通过手机来调整 8×8 点阵计时器的分钟值的功能就完成了。

4.7 思考题

1. 嵌入式系统常用的串行通信方式有哪些?

2. 串行通信和并行通信的区别及各自的优缺点?

3. UART 串行通信常用的波特率是多少?

4. UART 通信一般需要几根线? 各自的功能是什么?

5. UART 数据由哪几部分组成?

6. ESP32 上有几个 UART 接口? 各自对应的引脚是什么?

7. Serial 类库有哪些数据发送成员函数? 这些成员函数有哪些参数?

8. Serial. print()函数和 Serial. write()函数的区别是什么?

9. Serial 类库有哪些数据接收成员函数? 如何确定接收缓冲区字符的数量?

10. String 字符串类库对象有哪些成员函数? 其功能是什么?

11. ESP32 中的 EEPROM 和 Arduino 中的 EEPROM 有什么不同?

12. EEPROM 类库有哪些成员函数? 各自的功能是什么?

13. ESP32 支持哪两种蓝牙模式?

14. ESP32 经典蓝牙通信库有哪些成员函数? 各自的功能是什么?

第5章 串行通信——I²C 和 SPI

外设与主控板之间进行数据通信,常用的串行通信协议有 UART 通信、SPI 通信、I²C 通信,不同协议具有各自的特点。本章主要介绍 I²C 通信和 SPI 通信。我们常接触到的外设中,I²C 通信占主流位置,本章示例项目中所采用的 OLED 显示屏、MPU6050 姿态传感器等,都使用该通信方式。

本章首先介绍 I²C 通信的基本知识,相应的库函数,然后分别讲述采用 I²C 通信协议的两个模块:MPU6050 姿态传感器和 SSD1306 OLED 显示屏。具体内容如下:

- I²C 基本知识;
- 项目一:MPU6050 姿态传感器;
- 项目二:SSD1306 OLED 显示屏;
- 项目三:平衡游戏机。

SPI 通信本章仅做初步了解,讲解 SPI 通信的基本概念,以及通过系统提供 SPI 类库的成员函数进行基本操作。

5.1 I²C 基础知识

5.1.1 I²C 基本原理

I²C(Inter-Integrated Circuit)总线是飞利浦半导体公司在 20 世纪 80 年代初设计开发的串行总线协议,用于主控制器间及其外围设备之间的通信。因为连接线少、控制简单,在通信领域中得到广泛应用。

I²C 总线协议采用了两根数据线:串行数据线(SDA)和串行时钟线(SCL)。通常,一条 I²C 总线上连接了多个设备,例如,微控制器支持 I²C 通信的从设备模块,如图 5-1 所示。连接到 I²C 总线上的每个从设备都有一个唯一的地址。主设备通过从设备所具有的唯一地址进行通信,向从设备发送数据以及从从设备接收数据。

I²C 总线的数据线 SDA 和 SCL 通过上拉电阻连接到 VCC,当总线空闲时,两根数据线均为高电平。当连接到 I²C 总线上的任一器件输出低电平时,都将使总线的信号变低。

I²C 总线有几种不同速率的工作模式,标准模式的速率为 100 kbps,快速模式下速

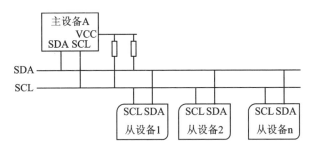

图 5-1　I²C 总线结构示意图

率为 400 kbps,在高速模式下速率可达到 3.4 Mbps。

不同从设备的地址不能相同,理论上最多可以连接 127 个 I²C 从设备,一般电路中的从设备数量小于 10 个。

5.1.2　I²C 主设备、从设备及引脚

I²C 总线上的器件有主设备(Master)和从设备(Slave)之分。通信时,主设备负责启动和终止数据传送,同时还要输出时钟信号;从设备会被主设备寻址,并且响应主设备的通信请求。

在 I²C 通信中,通信速率的控制由主设备完成,主设备会通过时钟线(SCL)引脚输出时钟信号,供总线上的所有从设备使用。

I²C 是一种同步、半双工通信方式,总线上的设备通过数据线(SDA)传输数据,数据的发送和接收由主机控制切换进行。

对于不同主控板,I²C 协议数据线 SDA 和时钟线 SCL 对应的引脚不同。ESP32 提供了两个 I²C 接口,ESP32 for Arduino 默认的数据线 SDA 对应的引脚为 21,时钟线 SCL 对应的引脚为 22。

对于基于 Arduino Atmega328 平台的 Uno、Nano 主控板,数据线 SDA 对应的引脚为 A4,时钟线 SCL 对应的引脚为 A5。

ESP32-KPCB 专用开发板引出了 3 个 I²C 接口,详细位置如图 1-11 所示。

5.1.3　I²C 库及库函数

ESP32 for Arduino 提供的 I²C 类库头文件为 Wire. h,该类库和 Arduino AVR 所对应的 I²C 类库的成员函数及主要功能一致,但具体的实现方式有差别。

ESP32 for Arduino 提供的 I²C 类库的常用成员函数如下:

- begin()函数;
- beginTransmission()函数;
- endTransmission()函数;
- requestFrom()函数;

- write()函数;
- available()函数;
- read()函数。

下面分别介绍各成员函数的调用格式及功能。函数的具体使用将在项目一读取 MPU6050 传感器的数据时说明。

Wire.begin();

功能:初始化 I²C 连接,并作为主设备加入 I²C。

返回值:布尔类型。初始化成功返回 true,否则返回 false。

Wire.beginTransmission(address);

功能:指定将要进行数据通信的从设备地址,并将地址加入到发送数据队列。数据队列的长度默认为 128 字节。

参数:address,要发送的从设备的地址。

返回值:无。

Wire.write(value);

功能:将向从机发送的数据加入到发送数据队列。

返回值:byte 类型。加入成功返回 1,否则返回 0。

参数:value,以单字节发送。

Wire.endTransmission();

功能:写入数据,主设备将发送数据队列中的数据发送给从设备。

返回值:byte 类型,表示本次传输的状态,写入数据成功返回 0,其他值参看库文件。

Wire.requestFrom(address,quantity);

功能:读取数据,主设备向从设备发送读取数据请求,并将读取的数据保存到缓冲区。缓冲区的默认长度为 128 字节。

返回值:byte 类型。读取数据成功返回 0,其他值参看库文件。

参数:address,从设备的地址。

   quantity,读取的字节数。

Wire.available();

功能:返回缓冲区中数据的字节数。

返回值:int 类型,返回字节数。

Wire.read();

功能:从缓冲区中读取一个字节的数据。主设备中使用 requestFrom()函数发送数据读取请求信号后,需要使用 read()函数来获取数据。

返回值:int 类型,读到的字节数据。

5.2　项目一：MPU6050 姿态传感器

日常使用的智能手机具有丰富的传感器，手机微信有一个功能模块：微信运动。使用该功能模块可以记录每天步行的步数，手机为什么能记录我们行走的步数呢？究其原因是手机内部有一个运动姿态传感器。该传感器能检测人行走时姿态的变化，通过相应的算法，实现记录行走步数的功能。

本项目就学习常见的 MPU6050 姿态传感器，介绍之前先简单了解一下 MEMS。

5.2.1　MEMS 简介

MEMS 全称 Microelectromechanical System，微机电系统，是指尺寸在几毫米乃至更小的高科技装置，其内部结构一般在微米甚至纳米量级，是一个独立的智能系统；主要由传感器、动作器（执行器）和微能源三大部分组成，如图 5 - 2 所示。微机电系统的优点是体积小、重量轻、功耗低、耐用性好、价格低廉、性能稳定等。

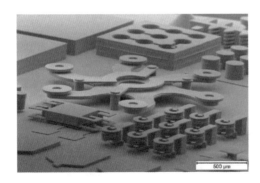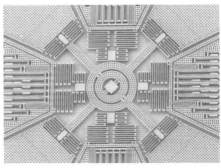

图 5 - 2　MEMS 结构放大示意图

5.2.2　MPU6050 姿态传感器简介

MPU6050 姿态传感器是一个 6 轴运动传感器，如图 5 - 3 所示，它集成了 3 轴 MEMS 陀螺仪（Gyroscope）、3 轴 MEMS 加速度计（Accelerator）以及一个可扩展的数字运动处理器 DMP。通过 3 轴陀螺仪可以分别获得绕 X、Y、Z 这 3 个坐标轴旋转的角速度分量。通过 3 轴加速度计，可以分别获得沿 X、Y、Z 这 3 个坐标方向的加速度分量。

MPU6050 姿态传感器基本参数如下：
- 16 位 3 轴加速度传感器，量程分别为 $\pm2g$、$\pm4g$、$\pm8g$ 或 $\pm16g$；
- 16 位 3 轴陀螺仪传感器，量程分别为 $250°/s$、$500°/s$、$1\,000°/s$、$2\,000°/s$；
- 集成数字运算处理器 DMP；

图 5 - 3　MPU6050 姿态传感器模块示意图

■ 温度传感器；

■ I^2C 串行通信接口，地址为 0x68（AD0 引脚为高电平时地址为 0x69）。

MPU6050 姿态传感器的坐标系是这样定义的：令芯片表面朝向自己，将其表面文字转至正确角度，此时，以芯片内部中心为原点，水平向右的为 X 轴，竖直向上的为 Y 轴，指向自己的为 Z 轴，如图 5 - 4 所示。

3 轴加速度计分别测量 X、Y、Z 轴上的加速度。当物体加速运动时，传感器内部部件会引起位移，传感器内部的电容传感器会检测到该位移的变化。当设备水平放置时，测量在 X 和 Y 轴方向的加速度为 $0g$，在 Z 轴方向的加速度为 $+1g$。加速度有 4 种量程选择，分别为 $\pm 2g$、$\pm 4g$、$\pm 8g$ 或 $\pm 16g$。加速度计输出的 3 轴分量 ACC_X、ACC_Y 和 ACC_Z 均为 16 位有符号整数。以 ACC_X 为

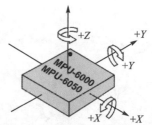

图 5 - 4　3 轴加速度和 3 轴
角速度示意图

例，若倍率设定为 $2g$（默认），则意味着 ACC_X 取最小值－32 768 时，当前加速度为沿 X 轴正方向 2 倍的重力加速度；若设定为 $4g$，取－32 768 时表示沿 X 轴正方向 4 倍的重力加速度，依此类推。

绕 X、Y 和 Z 这 3 个坐标轴旋转的角速度分量 GYR_X、GYR_Y 和 GYR_Z 也是 16 位有符号整数。3 个角速度分量均以"°/s"为单位，角速度有 4 种量程可供选择：$\pm 250\,°/s$、$\pm 500\,°/s$、$\pm 1\,000\,°/s$、$\pm 2\,000\,°/s$。以 GYR_X 为例，若量程设定为 $\pm 250\,°/s$，则意味着 GYR_X 取正最大值 32 767 时，当前角速度为顺时针 $250\,°/s$；若设定为 $\pm 500\,°/s$，取 32 767 时表示当前角速度为顺时针 $500\,°/s$。显然，量程越低精度越好，倍率越高表示的范围越大。

5.2.3　姿态角

MPU6050 是一款姿态传感器，传感器集成的加速度传感器（Accelerator）和角速

度传感器(Gyroscope)分别检测到模块的加速度和角速度。由于输出的原始数据有较大的噪声,需要对原始数据进行滤波,再通过数据融合算法,得到传感器的姿态角。传感器返回的姿态角由 3 个角度组成,分别是俯仰角(Pitch)、偏航角(Yaw)及滚转角(Roll),如图 5 - 5 所示。

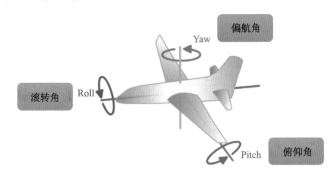

图 5 - 5　姿态角示意图

5.2.4　MPU6050 姿态传感器内部的寄存器

一般 I²C 从设备模块具有丰富的功能,主设备通过对从设备相应功能的寄存器地址进行读/写操作,实现与从设备的数据交互。MPU6050 姿态传感器的数据写入和读出也是通过其芯片内部的寄存器实现,寄存器地址的长度都是一个字节。

寄存器是设备上一个很小的存储空间,用来存储数据,寄存器中的数据可以被读取或写入。例如,项目一读取姿态传感器的加速度值,该传感器将测得的加速度值保存到指定寄存器,主设备从相应寄存器中读取数据。

要了解 MPU6050 姿态传感器的详细功能,则必须阅读该传感器的数据手册。该传感器常用的寄存器地址如表 5 - 1 所列。

表 5 - 1　MPU6050 姿态传感器常用寄存器表

寄存器地址	寄存器功能描述
0x1B	陀螺仪配置寄存器:自检和量程设置
0x1C	加速度及配置寄存器:自检和量程设置
0x3B	加速度计的 X 轴分量 ACC_X 的首地址,共两个字节
0x3D	加速度计的 Y 轴分量 ACC_Y 的首地址,共两个字节
0x3F	加速度计的 Z 轴分量 ACC_Z 的首地址,共两个字节
0x41	当前温度 TEMP 的首地址,共两个字节
0x43	绕 X 轴旋转的角速度 GYR_X 的首地址,共两个字节
0x45	绕 Y 轴旋转的角速度 GYR_Y 的首地址,共两个字节
0x47	绕 Z 轴旋转的角速度 GYR_Z 的首地址,共两个字节

寄存器地址	寄存器功能描述
0x6B	初始化 MPU6050 姿态传感器;配置时钟、电源模式、温度,一般取值为 0x01
0x75	WHO_AM_I,返回传感器的 I^2C 地址

陀螺仪配置寄存器各位描述如下:

地址	Bit7	Bit6	Bit5	Bit4	Bit3	Bit2	Bit1	Bit0
0x1B	XG_ST	YG_ST	ZG_ST	FS_SEL		—	—	—

- XG_ST、YG_ST、ZG_ST 是自检控制位;
- FS_SEL 量程设置。FS_SEL 值为 0、1、2、3,分别对应的量程为 $\pm250°/s$、$\pm500°/s$、$\pm1\,000°/s$、$\pm2\,000°/s$。

加速度传感器配置寄存器各位描述如下:

地址	Bit7	Bit6	Bit5	Bit4	Bit3	Bit2	Bit1	Bit0
0x1C	XA_ST	YA_ST	ZA_ST	AFS_SEL		—	—	—

- XA_ST、YA_ST、ZA_ST 是自检控制位;
- AFS_SEL 量程设置。AFS_SEL 值为 0、1、2、3,分别对应的量程为 $\pm2g$、$\pm4g$、$\pm8g$、$\pm16g$。

5.2.5　MPU6050 姿态传感器数据读/写

主设备向从设备写入数据,首先向发送缓冲区中的发送数据队列添加从设备的地址,MPU6050 的地址为 0x68,然后添加从设备目标寄存器的地址和写入的数据,最后使用 endTransmission() 成员函数将数据队列发送给从设备,完成数据写入。

主设备从从设备读取数据,由写入和读取两个步骤组成。步骤一,首先分别将从设备的地址、目标寄存器的地址添加到发送数据队列,然后将发送数据队列发送给从设备,告诉从设备读取数据的起始地址。步骤二,使用 requestFrom() 成员函数,从从设备指定寄存器地址读取指定长度的数据到主设备的接收缓冲区。

在主从设备间读/写数据时,需要明确以下几点:

- 从机地址;
- 寄存器编号;
- 操作类型:读取或者写入;
- 接收数据的长度。

5.2.6　示例一:通过 I^2C 类库命令读/写 MPU6050 姿态传感器的量程

项目任务:通过 I^2C 类库 Wire 所提供的成员函数,读取并设置 MPU6050 姿态传感器的加速度寄存器的量程数据。任务分解如下：

① 首先读取当前的量程数据，输出到串口监视器；

② 写入新的量程数据；

③ 读取新写入的量程数据，输出到串口监视器；

④ 恢复先前的量程数据。

所需器件：■　MPU6050 姿态传感器模块　　1 个

　　　　　■　专用 4P 数据线　　　　　　　1 根

电路搭设：MPU6050 姿态传感器连接示意如图 5 - 6 所示，电路原理图如图 5 - 7 所示。

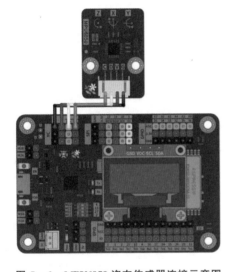

图 5 - 6　MPU6050 姿态传感器连接示意图

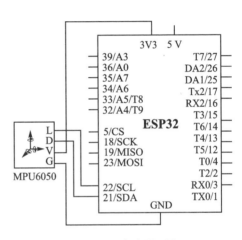

图 5 - 7　电路原理图

程序编写及说明：

```
1    # include < Wire.h >                        //导入 I²C 库
2    # define MPU6050_ADDR 0x68                   //MPU6050 姿态传感器 I²C 地址
3
4    void setup() {
5      Serial.begin(115200);
6      Wire.begin();                             //作为主机加入到 I²C 总线❶
7      byte gyroVal, acceVal, val;
8
9      writeMPU6050(0x6B, 0x01);                 //初始化 MPU6050 姿态传感器❷
10
11     Serial.print("模块当前 I2C 地址为：");
12     val = readMPU6050(0x75);                   //读取 I²C 地址
13     Serial.println(val,HEX);
14
```

```
15    Serial.println("当前量程为:");
16    gyroVal = readMPU6050(0x1B);                 //读取陀螺仪量程
17    Serial.println(gyroVal, BIN);
18    acceVal = readMPU6050(0x1C);                 //读取加速度计量程
19    Serial.println(acceVal, BIN);
20
21    writeMPU6050(0x1B, 0b11000);                 //修改陀螺仪计量程为±2 000°/s
22    writeMPU6050(0x1C, 0b11000);                 //修改加速度计量程为±16g
23
24    Serial.println("设置后的量程为:");
25    val = readMPU6050(0x1B);                     //读取当前的陀螺仪量程
26    Serial.println(val, BIN);
27    val = readMPU6050(0x1C);                     //读取加速度计量程
28    Serial.println(val, BIN);
29
30    writeMPU6050(0x1B, gyroVal);                 //恢复初始设置
31    writeMPU6050(0x1C, acceVal);                 //恢复初始设置
32  }
33
34  void loop() {
35  }
36
37  // ==========================
38  //向 MPU6050 姿态传感器的寄存器写入数据
39  //参数:reg     寄存器地址
40  //       dada  要写入的数据
41  // ==========================
42  void writeMPU6050(byte reg, byte data) {       //❸
43    Wire.beginTransmission(MPU6050_ADDR);        //将地址加入发送队列
44    Wire.write(reg);                             //将寄存器地址加入发送队列
45    Wire.write(data);                            //将发送的数据加入发送队列
46    Wire.endTransmission();                      //将数据队列发送给从设备
47  }
48
49  // ==========================
50  //从 MPU6050 姿态传感器的寄存器读取数据(先写入数据在读取数据)
51  //参数:reg     寄存器地址
52  // ==========================
53  byte readMPU6050(byte reg) {                   //❹
54    Wire.beginTransmission(MPU6050_ADDR);        //将地址加入发送队列
55    Wire.write(reg);                             //将寄存器地址加入发送队列
56    Wire.endTransmission();                      //将数据队列发送给从设备
```

```
57    Wire.requestFrom(MPU6050_ADDR, 1);        //读取寄存器中的数据到缓冲区
58    byte data = Wire.read();                  //从缓冲区中读取数据
59    return data;
60 }
```

❶　　　初始化 I²C 连接,并作为主机设备加入 I²C 总线,这是进行传感器数据读/写的第一步。

❷　　　该程序行是通过 writeMPU6050 函数向寄存器 0x6B 写入值 0x01,从而达到初始化 MPU6050 姿态传感器的目的。写入 0x01 值后 MPU6050 姿态传感器的状态为:
　　■ MPU6050 姿态传感器当前模式为工作模式;
　　■ 使能温度传感器;
　　■ 设定陀螺仪 X 轴的时钟源为 MPU6050 姿态传感器的参考定时钟源。

❸　　　该函数是通过向 MPU6050 姿态传感器寄存器写入数据来进行传感器设置的。
　　程序行 43 指定从机设备的地址为 0x68,并将地址信息加入到发送数据队列;
　　程序行 44 将要写入数据的寄存器起始地址加入到发送数据队列;
　　程序行 45 将写入到指定寄存器的数据加入到发送数据队列;
　　程序行 46 将数据队列写入到 MPU6050 姿态传感器指定寄存器。
　　以上步骤是使用 Wire 库成员函数向从设备写入数据的固定步骤。如须发送多个数据,则可重复程序行 45 行。

❹　　　该函数是通过先向 MPU6050 姿态传感器寄存器写入数据,再从 MPU6050 姿态传感器指定寄存器读取数据。
　　程序行 54 指定从机设备的地址为 0x68,并将地址信息加入到发送数据队列;
　　程序行 55 将要读取数据的寄存器起始地址加入到发送数据队列;
　　程序行 56 将数据队列发送到 MPU6050 姿态传感器;
　　程序行 57 从指定寄存器中读取一个字节的数据并保存到接收缓冲区;
　　程序行 58 从接收缓冲区中读取数据。
　　以上步骤是使用 Wire 库成员函数向从设备读取数据的固定步骤。如须读取多个数据,则可以修改程序行 57 中的数据。

程序运行:打开串口监视器,上传程序,串口监视器显示的数据如图 5-8 所示。
本示例程序以 MPU6050 姿态传感器为示例,介绍利用 Wire 库成员函数进行数据写入及读取的步骤。MPU6050 姿态传感器读取操作是先写入数据然后读取数据。

图 5 - 8　MPU6050 姿态传感器量程读数

5.2.7　示例二：通过 I²C 类库命令读取 MPU6050 姿态传感器的原始数据

项目任务：通过寄存器的读/写操作获取 MPU6060 姿态传感器返回的 3 轴加速度和角速度原始数据。

所需器件：与本项目示例一同。

电路搭设：与本项目示例一同。

程序编写及说明：

```
1   #include < Wire.h >                            //导入 I²C 库
2   #define MPU6050_ADDR      0x68                  //MPU6050 姿态传感器 I²C 地址
3   void setup() {
4     Serial.begin(115200);
5     Wire.begin();                                //作为主机加入 I²C 总线
6     writeMPU6050(0x6B, 0x01);                     //初始化 MPU6050 姿态传感器
7     writeMPU6050(0x1B, 0x08);                     //设定陀螺仪计量程为 ±500°/s
8     writeMPU6050(0x1C, 0x00);                     //设定加速度计量程为 ±2g
9   }
10
11  void loop() {
12    short int rawAccX = 0, rawAccY = 0, rawAccZ = 0, rawTemp = 0,
13           rawGyroX = 0, rawGyroY = 0, rawGyroZ = 0;   //❶
14    float temp, accX, accY, accZ, gyroX, gyroY, gyroZ;
15
16    Wire.beginTransmission(MPU6050_ADDR);
17    Wire.write(0x3B);                             //❷
18    Wire.endTransmission();
19    Wire.requestFrom(MPU6050_ADDR, 14);           //❷
20    rawAccX = Wire.read() << 8 | Wire.read();     //❷
21    rawAccY = Wire.read() << 8 | Wire.read();
```

```
22    rawAccZ = Wire.read() << 8 | Wire.read();
23    rawTemp = Wire.read() << 8 | Wire.read();
24    rawGyroX = Wire.read() << 8 | Wire.read();
25    rawGyroY = Wire.read() << 8 | Wire.read();
26    rawGyroZ = Wire.read() << 8 | Wire.read();
27
28    temp = rawTemp / 340.0 + 36.53;          //❸
29
30    accX = rawAccX / 16384.0;                //❹
31    accY = rawAccY / 16384.0;
32    accZ = rawAccZ / 16384.0;
33
34    gyroX = rawGyroX / 65.5;                 //❺
35    gyroY = rawGyroY / 65.5;
36    gyroZ = rawGyroZ / 65.5;
37
38    Serial.printf("Temp:%.2f  accX:%.2f  accY:%.2f  accZ:%.2f  gyroX:%.2f
39 gyroY:%.2f  gyroZ:%.2f\n",
40    temp, accX, accY, accZ, gyroX, gyroY, gyroZ);
41 }
42 // =========================
43 //向 MPU6050 寄存器写入数据
44 //参数:reg    寄存器地址
45 //      dada   要写入的数据
46 // =========================
47 void writeMPU6050(byte reg, byte data) {
48    Wire.beginTransmission(MPU6050_ADDR);
49    Wire.write(reg);
50    Wire.write(data);
51    Wire.endTransmission();
52 }
```

❶　　　定义变量用于保存 MPU6050 姿态传感器的值,返回值为 2 个字节的有符号数。ESP32 中,int 占用 4 个字节,如果直接将返回值保存到 int 中,则将产生错误。Short 修饰符定义的 int 整型变量在内存中占用 2 个字节的空间。

❷　　　程序行 16～26 从 MPU6050 姿态传感器中读取 3 轴加速度值、温度值、3 轴角速度值共 7 个数据,并保存到变量中。

　　　由表 5-1 可知,MPU6050 姿态传感器返回的 3 轴加速度值、温度值、3 轴角速度值共 7 个数据,所对应的寄存器地址是连续的,范围是 0x3B～0x48。

传感器返回的单一数据值为 16 位的有符号数,分别由两个字节保存,一个字节保存该数据的高 8 位,另一字节保存该数据的低 8 位。例如,0x3B 保存的 X 轴加速度值 ACCEL_XOUT[15∶8],0x3C 保存的 ACCEL_XOUT[7∶0]。

"Wire.requestFrom(MPU6050_ADDR,14);"表示从 0x3B 开始自寄存器连续读取 14 个字节的数值,保存到缓冲区中。

程序行 20～26 通过移位运算符"<<"将 Wire.read()读取的数值合并成完整的输出数据。

❸ 将读取的温度数值转换为摄氏温度。该转换公式由数据手册规定,详细可查看 MPU6050 姿态传感器数据手册。

❹ 因为程序 8 设定了加速度的量程为 $\pm 2g$,所以实际的加速度值为:

$$2 \cdot rawAccX /32\,768 = rawAccX/16\,384.0$$

化简后的值为浮点数 16 384.0,这是为了保证计算的精度。

❺ 因为程序 7 设定了角速度值的量程为 $\pm 500\,°/s$,所以实际的加速度值为:

$$500 \cdot rawGyroX/32\,768 = rawGyroX/65.5$$

化简后的值为浮点数 65.5,是为了保证计算的精度。

程序运行:上传程序,并打开串口监视器,串口监视器依次显示温度、X、Y、Z 轴方向的加速度、绕 X、Y、Z 轴的转动角速度,显示的数据如图 5-9 所示。读者可以移动 MPU6050 姿态传感器,串口监视器中的数据将随之发生变化。可以修改程序行 37 的输出格式,将数据以图形的方式输出,如图 5-10 所示。

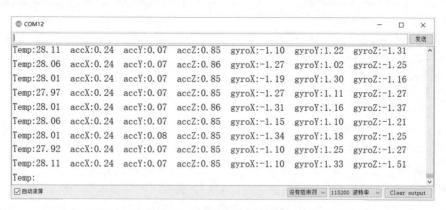

图 5-9 MPU6050 姿态传感器原始数据串口输出

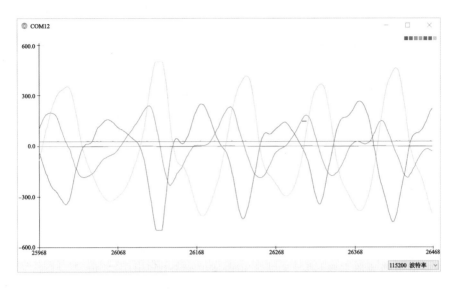

图 5 - 10　MPU6050 姿态传感器原始数据图形化输出

5.2.8　示例三：通过专用库读取 MPU6050 姿态传感器的姿态数据

项目任务：通过外部类库读取 MPU6050 姿态传感器的姿态数据。

在示例二中，我们通过 Wire 库的成员函数读取了 MPU6050 姿态传感器的原始数据，读取这些数据是为了获得传感器的姿态数据：俯仰角、偏航角、滚转角。这 3 个数据通过 3 轴加速度值和 3 轴角速度值融合得到。

由于 MPU6050 姿态传感器提供的原始数据夹杂较严重的噪声，当芯片处于静止状态时数据摆动都可能超过 2%。除了噪声，各项数据还会有偏移的现象，也就是说，数据并不是围绕静止工作点摆动，因此要先对数据偏移进行校准，再通过滤波算法消除噪声。

上述数据融合及滤波算法不再讲述，下面直接使用现有的库函数读取传感器的姿态数据。

库函数的文件名为 MPU6050_tockn - 1. 5. 2. zip。

下载链接：https://github. com/Tockn/MPU6050_tockn
　　　　　　 http://www. kpcb. org. cn/h - nd - 288. html

该库具有自动校准功能，采用互补滤波算法消除噪声并进行数据融合，从而输出姿态数据。

所需器件：与本项目示例一同。

电路搭设：与本项目示例一同。

程序编写及说明：类库安装完毕，该类库有两个示例程序：GetAllData. ino 和

GetAngel. ino,如图 5 - 11 所示。

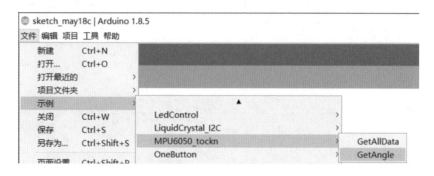

图 5 - 11 MPU6050 姿态传感器库示例程序示意

GetAllData. ino 通过串口监视器输出原始数据、通过加速度转换得到的姿态角、通过角速度得到的姿态角、通过加速度和角速度融合得到的姿态角。

GetAngel. ino 实时显示数据处理融合后的姿态数据,程序如下:

```
1    # include < MPU6050_tockn. h >        //调用 MPU6050 姿态传感器库
2    # include < Wire. h >                   //导入 I²C 库
3
4    MPU6050 mpu6050(Wire);                 //定义对象实例
5
6    void setup() {
7       Serial. begin(9600);
8       Wire. begin();                        //作为主机加入 I²C 总线
9       mpu6050. begin();                     //MPU6050 姿态传感器对象初始化❶
10      mpu6050. calcGyroOffsets(true);      //数据校准❷
11   }
12
13   void loop() {
14      mpu6050. update();                    //数据更新❸
15      Serial. print("angleX : ");
16      Serial. print(mpu6050. getAngleX());  //输出翻滚角 roll
17      Serial. print("\tangleY : ");
18      Serial. print(mpu6050. getAngleY());  //输出俯仰角 pitch
19      Serial. print("\tangleZ : ");
20      Serial. println(mpu6050. getAngleZ()); //输出偏航角 yaw
21   }
```

❶   "mpu6050. begin();"该程序行的作用是初始化,该对象的加速度量程为±2g,角速度量程为±500°/s。

注意:如果修改了程序的量程,根据示例二讲述的内容,要修改相应数据参数。

❷　　　　该程序行的功能是自己校准 MPU6050 姿态传感器的偏移量。校准时间 3 s,在校准时确保 MPU6050 姿态传感器静止且放置在水平位置。将函数中的 true 改为 false,则将不在串口监视器输出提示信息。

❸　　　　"mpu6050.update();"函数实时更新当前的姿态数据,该函数位于 loop()中,不可省略。姿态数据通过全局变量传递,分别为:

　　　　翻滚角 roll:mpu6050.getAngleX()

　　　　俯仰角 pitch:mpu6050.getAngleY()

　　　　偏航角 yaw:mpu6050.getAngleZ()

程序运行:打开串口监视器,程序会提示"正在计算偏移量,请不要移动 MPU6050"。校准时长 3 s,校准完毕则在串口监视器中显示姿态信息,可以根据该姿态信息执行相应的操作。

至此,本项目以 MPU6050 姿态传感器为例,介绍了 I²C 的基本知识、Wire 类库函数、如何使用类库函数读/写数据、MPU6050 姿态传感器数据的量程及处理,以及专用类库读取数据。下一个项目讲述 I²C 接口的 OLED 显示屏。

5.3　项目二:SSD1306 OLED 显示屏

项目制作过程中经常需要使用 OLED 显示屏进行数据交互输出,本项目介绍 I²C 接口的 SSD1306 OLED 显示屏。读者也可以通过阅读 SSD1306 OLED 显示屏的数据手册来操控液晶屏,但本项目的重点主要是通过类库示例程序介绍该显示屏库成员函数的功能,以便读者在实际项目中更好地使用该模块。

5.3.1　SSD1306 OLED 显示屏简介

本书配套的套件采用 OLED 显示屏,直接集成在主控板上,可以根据需要插拔。模块图片及尺寸如图 5-12 所示。

显示屏的基本参数如下:

■ 尺寸:0.96 英寸;

■ 分辨率:128×64;

■ 颜色:单色;

■ 驱动芯片:SSD1306;

■ 通信方式:I²C;

■ I²C 地址:0x3C(默认),0x3D 可选。

图 5-12　SSD1306 OLED 显示屏模块示意图

5.3.2 SSD1306 OLED 显示屏库功能

SS1306 OLED 显示屏相关的类库很多,如 Adafruit 提供的 Adafruit_SSD1306 类库,该类库提供了丰富的图形功能。本书选用的类库为 ssd1306 - 1.7.18.zip,这里重点讲述该类库的菜单和控制台功能。

下载链接为:https://github.com/lexus2k/ssd1306

　　　　　　http://www.kpcb.org.cn/h-nd-288.html

该库具有如下功能:

- 占用较小的系统内存资源;
- 图像功能:画线、矩形、点、图片显示等功能;
- 完整的字符显示支持,多种大小及字体文字显示;
- 菜单功能;
- 控制台输出;
- 丰富的示例程序。

SSD1306 类库提供了丰富的例程,示例 ssd1306_demo.ino 提供了该类库主要功能的 demo 演示,内容包含菜单、动画精灵、图片显示、画线、字体显示等功能。读者可以先上传该程序,感受一下具体功能,然后再阅读源程序,学习相应的功能。

该示例程序位置:"示例→ssd1306→demos→ssd1306_demo.ino"。

5.3.3 示例一:文字显示

示例程序:"示例→ssd1306→direct_draw→draw_text.ino"。

程序运行:上传程序,在屏幕上显示不同大小和风格的文字。该示例程序包含了 SSD1306 库初始化成员函数及相关函数,函数功能说明如下:

```
ssd1306_128x64_i2c_init();
```
功能:初始化 SSD1306 OLED 显示屏。默认的地址为 0x3C,如果地址采用 0x3D,则需要修改库文件。

返回值:无。

```
ssd1306_fillScreen(fill_Data);
```
功能:以 fill_Data 指定的模式填充屏幕。

返回值:无。

参数:fill_Data,byte 类型,填充屏幕的数据表述。0x00,清屏,整个屏幕熄灭;0xff,整个屏幕点亮;0b10101010,整个屏幕隔行点亮。

```
ssd1306_setFixedFont(font);
```
功能:设置显示的文字字体。

返回值:无。

参数:font,字体名。SSD1306 库有 ssd1306xled_font6x8 及 ssd1306xled_font5x7 两种字体可用。

SSD1306_printFixed(x , y , string , style);

功能:在屏幕上指定位置显示文字。

返回值:string 中的字符数量。

参数:

x,显示文字的水平方向像素点的坐标。

y,显示文字的垂直方向像素点的坐标,y 必须是 8 的倍数,例如,0、8、16、24、32。如果指定的坐标为[10,18],则程序会在[10,16]位置输出。

string,输出的内容,不可以是汉字。

style,文字样式,有 3 种选择,分别是 STYLE_NORMAL(正常)、STYLE_BOLD(加粗)、STYLE_ITALIC(斜体)。

ssd1306_printFixedN(x , y , string , style , factor);

功能:在屏幕上指定位置显示放大 factor 数值倍数后的文字。

返回值:string 中的字符数量。

参数:其他参数同 ssd1306_printFixed()。

factor,放大倍数,有 4 个选项供选择:FONT_SIZE_NORMAL(正常)、FONT_SIZE_2X(2 倍)、FONT_SIZE_4X(4 倍)、FONT_SIZE_8X(8 倍)。

5.3.4　示例二:显示汉字

在 SSD1306 OLED 显示屏上显示汉字,分为两个步骤:

步骤一:产生汉字的点阵字库。

步骤二:将点阵字库在屏幕上显示。

下面分别讲解:

步骤一:首先介绍如何获得汉字点阵字库。从网盘下载汉字点阵字库生成软件 PCtoLCD2002,双击打开,如图 5-13 所示,操作步骤如下:

① 在文本输入框中输入要生成点阵的汉字。

② 单击字模选项按钮,于是弹出设计对话框,设置各项参数和单击"确定",如图 5-14 所示。

③ 单击"生成字模"按键,生成字模。

④ 将生成的字模复制到程序中即可。

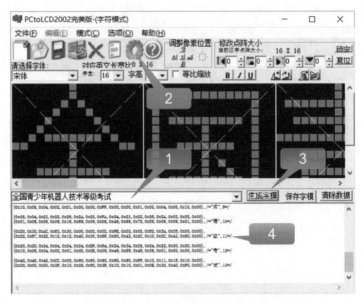

图 5 - 13　汉字字模生成软件主窗口操作示意

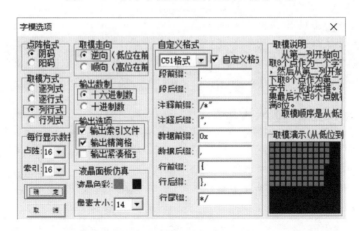

图 5 - 14　汉字字模生成软件设置对话框

步骤二：程序编写。

```
1  # include < ssd1306.h >
2  const PROGMEM char  CN16x16[] = { //PROGMEM
3  0x80, 0x80, 0xC0, 0xC0, 0xA0, 0xA0, 0x90, 0xA0,
4  0xA0, 0xC0, 0xC0, 0x80, 0x80, 0x00, 0x00, 0x00,
5  0x00, 0x10, 0x12, 0x12, 0x12, 0x12, 0x1F, 0x12,
6  0x12, 0x12, 0x12, 0x10, 0x00, 0x00, 0x00, 0x00, /*"全",0*/
7
8  0x00,0x00, 0xF8, 0x08, 0xA8, 0xA8, 0xA8, 0xE8,
```

```
9     0xA8, 0xA8, 0xA8, 0xA8, 0x08, 0xF8, 0x00, 0x00,
10    0x00, 0x00, 0x0F, 0x08, 0x0A, 0x0A, 0x0A, 0x0B,
11    0x0A, 0x0B, 0x0B, 0x0A, 0x08, 0x0F, 0x00, 0x00, /* "国",1 */
12
13    0x00, 0x48, 0x58, 0xD8, 0xD8, 0xD8, 0xD8, 0xFC,
14    0xD8, 0xD8, 0xD8, 0xD8, 0xD8, 0x58, 0x48, 0x00,
15    0x00, 0x00, 0x00, 0x0F, 0x03, 0x03, 0x03, 0x03,
16    0x03, 0x0B, 0x0B, 0x0B, 0x0F, 0x00, 0x00, 0x00, /* "青",2 */
17    //其他汉字点阵字模数据不再显示
18
19  };
20  const PROGMEM uint8_t image[7] = {
21    0B00111001,  0B10010010,  0B01111011,  0B01111111,
22    0B01111011,  0B10010010,  0B00111001,
23  }; // 机器人等级考试图标对应的数组数据
24
25  void setup() {
26    ssd1306_128x64_i2c_init();               //初始化
27    ssd1306_fillScreen(0x00);                //清屏
28
29    for (int i = 0; i < 7; i++)              //显示图标
30      ssd1306_putPixels(56 + i, 8, image[i]);  //❶
31
32    int CN[] = {1, 2, 3, 4, 5}, num_CN;      //第一行显示的文字序号
33    int CN1[] = { 6, 7, 8, 9, 10, 11, 12};   //第二行显示的文字序号
34    int CN2[] = {13, 14};                    //第三行显示的文字序号
35
36    num_CN = sizeof(CN) / sizeof(CN[0]);     //计算文字数量
37    displayCN(20, 16, CN, num_CN);           //显示第一行文字
38
39    num_CN = sizeof(CN1) / sizeof(CN1[0]);
40    displayCN(4, 32, CN1, num_CN);           //显示第二行文字
41
42    num_CN = sizeof(CN2) / sizeof(CN2[0]);
43    displayCN(40, 48, CN2, num_CN);          //显示第三行文字
44  }
45
46  void loop() {
47  }
48
49  /* * 一次显示多个汉字
```

```
50  参数：x 显示起始位置的 x 坐标
51       y 显示起始位置的 y 坐标
52       buffer[]显示的汉字位置数组
53       num 显示汉字的数量 * * /
54  void displayCN( int x, int y, int buffer[], int num) {
55    for (int seq = 0; seq < num; seq ++ ) {
56      for (int i = 0; i < 16; i ++ ) {
57        ssd1306_putPixels(x + 16 * seq + i, y, CN16x16[32 *
58  (buffer[seq] - 1) + i]);  //❶
59      }
60      for (int i = 0; i < 16; i ++ ) {
61        ssd1306_putPixels(x + 16 * seq + i, y + 8, CN16x16[32 *
62  (buffer[seq] - 1)  + 16 + i]);  //❶
63      }
64    }
65  }
```

❶　　　类库函数 ssd1306_putPixels()是在屏幕上画出垂直方向上的 8 个点。

程序运行：程序上传后，SSD1306 OLED 显示屏显示全国机器人技术等级考试的小图标和相应的文字信息，如图 5 - 15 所示。

图 5 - 15　SSD1306 OLED 显示屏汉字显示界面

除了本示例中使用的画点成员函数，SSD1306 类库还提供了其他的画图函数，统一介绍如下：

```
ssd1306_putPixel(x , y);
```
功能：在屏幕(x,y)坐标位置画一个点。
返回值：无。
参数：x、y 分别为点的坐标值。
```
ssd1306_putPixels(x,  y, fill_Data);
```
功能：从坐标(x,y)开始，以 fill_Data 指定的模式竖向画 8 个点。

返回值:无。

参数:

x,点的 x 轴坐标。

y,点的 y 轴坐标,y 必须是 8 的倍数,例如,0、8、16、24、32。

ssd1306_drawLine(x1,y1,x2,y2);

功能:在坐标(x1,y1)(x2,y2)两点之间画一条线。

返回值:无。

参数:x1、y1、x2、y2 线的两个端点坐标。

ssd1306_drawHLine(x1,y1,x2);

功能:在坐标(x1,y1)(x2,y1)两点之间画一条水平线。

参数:x1、y1、x2 线的两个端点坐标。

ssd1306_drawVLine(x1,y1,y2);

功能:在坐标(x1,y1)(x1,y2)两点之间画一条垂直线。

返回值:无。

参数:x1、y1、y2 线的两个端点坐标。

ssd1306_drawRect(x1,y1,x2,y2);

功能:在屏幕上指定位置画一个矩形。

返回值:无。

参数:

x1,y1:矩形左上角的坐标;

x2,y2:矩形右下角的坐标。

此外,SSD1306 类库还提供了画图等其他成员函数,可参考库例程。

5.3.5　示例三:控制台输出

示例程序:“示例→ssd1306→direct_draw→lcd_console.ino”。

本示例程序中,类库对象 Ssd1306Console 提供的库成员函数将 SSD1306 OLED 显示屏作为串口监视器使用。当离线调试程序时,该功能将极大方便程序的调试。

程序运行:上传程序,在屏幕上以行为单位依次显示数据内容,如图 5 – 16 所示。

读者可以将 MPU6050 姿态传感器和 SSD1306 OLED 显示屏相结合,从而将实时的姿态信息显示到显示屏上。

控制台输出相关的成员函数功能及使用说明如下:

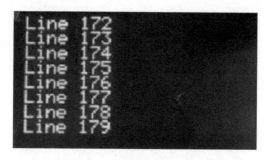

图 5 - 16　液晶屏控制台输出

Ssd1306Console 对象

功能:库对象,要使用控制台函数,须先定义对象实例,如 Ssd1306Console console。

控制台一共可显示 8 行文字,每行可显示 21 个 ASCII 字符。

Ssd1306Console.clear();

功能:清除屏幕。

返回值:无。

Ssd1306Console.setCursor(x , y);

功能:指定当前光标的起始位置。

返回值:无。

参数:

x,点的 X 轴像素坐标。

y,点的 Y 轴像素坐标,y 必须是 8 的倍数,例如,0、8、16、24、32。

Ssd1306Console.print();

Ssd1306Console.println();

Ssd1306Console.printf();

功能:和 Serial 库的串口输出功能一样。

返回值:无。

5.3.6　示例四:屏幕菜单

示例程序:"示例→ssd1306→direct_draw→menu_demo. ino"。

本示例程序展示的是菜单显示功能,通过菜单可以方便地交互。上传示例程序后 SSD1306 OLED 显示屏显示如图 5 - 17 所示的界面。通过按键上下移动菜单条选择并修改程序。

图 5 - 17　SSD1306 OLED 显示屏显示

菜单相关的成员函数功能及使用说明如下：

ssd1306_createMenu(menu , items, count);

功能:建立一个菜单对象。

返回值:无。

参数：

menu,SAppMenu 结构类型的菜单变量。

items,菜单字符数组。

count,菜单的选项数量。

ssd1306_showMenu(menu);

功能:将 menu 菜单在 OLED 上显示。

返回值:无。

参数:menu,SAppMenu 结构类型的菜单变量。

ssd1306_menuDown(menu);

功能:将 menu 中的当前项菜单下移一个选项。

返回值:无。

参数:menu,SAppMenu 结构类型的菜单变量。

ssd1306_menuUp(menu);

功能:将 menu 中的当前项菜单上移一个选项。

返回值:无。

参数:menu,SAppMenu 结构类型的菜单变量。

ssd1306_updateMenu(menu);

功能:在 OLED 显示屏上更新显示。和 ssd1306_menuDown( )函数及 ssd1306_menuUp( )函数配合使用。

返回值:无。

参数:menu,SAppMenu 结构类型的菜单变量。

5.4 项目三：平衡游戏机

项目任务：本项目综合使用 MPU6050 姿态传感器模块和 SSD1306 OLED 显示屏模块。手持 MPU6050 姿态传感器模块，则 SSD1306 OLED 显示屏显示倾角状况。具体说明如下：

■ 通过 MPU6050 姿态传感器获得 roll 和 pitch 数据，液晶显示屏中央对应水平原点。

■ 在屏幕上绘制机器小人图案，机器小人的位置随着 roll 和 pitch 的变化而变化。

■ 设定机器小人的活动范围为[32,0]和[96,63]所对应的矩形区域。

■ 当角度变化超过设定的范围(5°)时，机器小人会越出边界，生命数减一，板载指示灯点亮。

■ 当 10 s 内越界次数大于 10 次时，游戏结束；小于 10 次时，游戏胜利。

所需器件：与本章项目一的示例一相同。

电路搭设：与本章项目一的示例一相同。

程序编写及说明：该项目程序下载链接为 http://www.kpcb.org.cn/h-nd-288.html。

程序运行：程序上传，系统提示等待 3 s，此时 MPU6050 处于校准状态。此后显示 Begin 游戏开始，手持 MPU6050 姿态传感器，屏幕上机器小人随着倾角的变化而移动。如果倾角较大，机器小人触及边框，则 LED 灯点亮。当 10 s 内越界次数大于 10 次时，显示 Game Over；小于 10 次时，显示 You Win。

5.5 SPI 基础知识

5.5.1 SPI 简介

SPI(Serial Peripheral Interface)是由原摩托罗拉公司提出的一种同步串行外设接口总线。和 I^2C 通信一样，SPI 通信有一个主设备和一个或多个从设备。为了连接并和从设备进行通信，一个主设备至少需要 4 根数据线，分别为：

■ MOSI：主输出从输入，用于主机向从机发送数据。

■ MISO：主输入从输出，用于从机向主机发送数据。

■ SCLK：串行时钟线，决定通信的速率。

■ SS：从机选择线，低电平时选择从设备。

典型的多从机 SPI 通信网络连接如图 5-18 所示。

从图 5-18 可见，MOSI、MISO、SCLK 引脚连接 SPI 总线上的每一个设备，如果

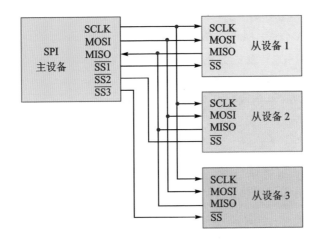

图 5 - 18　多从机 SPI 通信网络示意图

SS 引脚信号为低电平,则该从设备只侦听主机并与主机通信。SPI 主设备一次只能和一个从设备进行通信。如果要和另一个从设备通信主设备,则必须先终止和当前的从设备通信;若没有主设备的指令,则网络中的从设备之间不能进行通信。

　　SPI 通信是一个同步、全双工通信协议。

　　SPI 协议非常灵活,本身没有对最大通信速率、流控或通信应答做出规定。因此,主从设备间的通信形式非常多样,研究每种 SPI 从设备的数据手册就显得非常重要。

5.5.2　ESP32 SPI 接口及引脚

　　ESP32 有 4 个 SPI 接口,分别为 SPI0、SPI1、HSPI 和 VSPI。SPI0、SPI1 用于 Flash 读/写操作,所以只能使用 HSPI 和 VSPI。ESP32 for Arduino 默认使用 VS-PI。HSPI 和 VSPI 使用的引脚编号如表 5 - 2 所列。

表 5 - 2　ESP32 SPI 接口引脚

SPI 接口类型	MOSI	MISO	SCLK	SS
VSPI	23	19	18	5
HSPI	13	12	14	15

　　ESP32 - KPCB 专用开发板引出了 3 个 VSPI 接口,以方便使用,详细位置如图 1 - 11 所示。

　　SPI 通信的流程如下:

　　① SPI 主设备设定同步数据通信参数。

　　② SPI 主设备片选(SS)引脚输出低电平,激活从设备。

③ 短暂的延时之后,SPI 主设备会发送时钟,同时在 MOSI(Master Out – Slave In)上发送数据,在 MISO(Master In – Slave Out)上接收数据。SPI 从设备从 MOSI 上读取数据,从 MISO 上发送数据。一个时钟周期内可以同时发送和接收一位数据。数据通常是按照 1 字节(8 位)发送的。

④ 完成之后,SPI 主设备会停止发送时钟信号,然后 SS 引脚输出高电平,断开从设备。

5.5.3　SPI 类库及库函数

ESP32 for Arduino 提供的 SPI 类库头文件为 SPI.h,其中定义了众多的成员函数。

在使用 SPI 库成员函数前,必须先定义 SPI 对象实例,格式如下:

```
SPIClass vspi(VSPI);　// 定义 VSPI 接口实例 vspi
```

SPI 库常用的成员函数有 begin()函数、setBitOrder()函数、setFrequency()函数、setDataMode()函数、beginTransaction()函数、endTransaction()函数、transfer()函数及 end()函数,其说明如下:

```
SPI.begin();
```
功能:初始化 SPI 接口。默认为 VSPI 接口,接口通信参数:频率为 1 000 000,数据的传送方式为 MSBFIRST,时钟模式为 SPI_MODE0。
返回值:无。

```
SPI.setBitOrder(bitOrder);
```
功能:设置数据在串行总线上的传送方式。
返回值:无。
参数 bitOrder:最低有效位优先(LSBFIRST)或最高有效位优先(MSBFIRST),系统默认为 MSBFIRST。

```
SPI.setFrequency(freq);
```
功能:设置数据在串行总线上的传送时钟频率。
返回值:无。
freq:串行总线上数据传送时钟频率,默认为 1 000 000。

```
SPI.setDataMode(dataMode);
```
功能:设置时钟的模式。
返回值:无。
dataMode:有 4 种模式,分别是 SPI_MODE0、SPI_MODE1、SPI_MODE2、SPI_MODE3,区别如表 5 – 3 所列。

表 5 - 3　SPI 时钟模式

模　式	说　明	
SPI_MODE0	当 SCLK 闲置时为低电平时	在 SCLK 的上升沿(奇数边沿)采样
SPI_MODE1		在 SCLK 的下降沿(偶数边沿)采样
SPI_MODE2	当 SCLK 闲置时为高电平时	在 SCLK 的下降沿(奇数边沿)采样
SPI_MODE3		在 SCLK 的上升沿(奇数边沿)采样

SPI. beginTransaction(setting);

功能:按照 setting 设定的参数启动 SPI 通信事务。采用该函数时,可以不使用函数 setBitOrder()、setFrequency()、setDataMode()。

返回值:无。

Setting:为 SPISettings 对象,用来设置 SPI 通信参数,设置格式为 SPISettings(clock,bitOrder,dataMode)。

SPI. endTransaction();

功能:结束 SPI 通信事务。

返回值:无。

SPI. transfer(value);

功能:发送一个字节的数据,参数 value 为发送的数据,函数返回值为接收到的数据。每次调用该函数,只发送或接收一个字节;如果想接收或发送更多数据,则需要多次调用。

value:发送的字节数据。

返回值:接收到的字节数据。

SPI. end();

功能:终止 SPI 串口通信,释放 I/O 端口用于其他用途。

返回值:无。

5.6　项目四:SPI 库成员函数驱动双 74HC595 移位寄存器

SPI 数据发送和第 3 章学习的 shiftOut()函数的功能非常类似,区别是 shiftOut()函数通过软件实现,而 SPI 是通过相应的硬件实现的,速度上比 shiftOut()函数快很多。

项目任务：通过 SPI 库成员函数驱动双 74HC595 移位寄存器模块，在 8×8 点阵屏显示箭头，效果同第 3 章项目二中的箭头图像显示。

所需器件：
- 8×8 LED 显示屏　　　　　　　　 1 个
- 双 74HC595 移位寄存器模块　　　 1 块
- 杜邦线　　　　　　　　　　　　 若干

电路搭设：使用杜邦线将 74HC595 模块连接到开发板，模块连接如图 5-19 所示，电路原理图如图 5-20 所示。

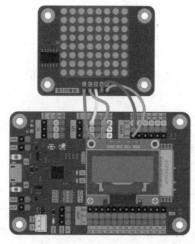

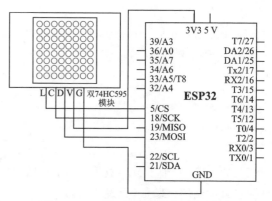

图 5-19　双 74HC595 模块 8×8 点阵　　　　图 5-20　双 74HC595 模块 8×8 点阵
　　　　　模块连接示意图　　　　　　　　　　　　　电路原理图

程序编写：

```
1   # include < SPI.h >                              //导入库头文件
2   const int spiCLK = 1000000;                      //设置时钟频率为 1 MHz
3   // pic[]数组保存箭头图案数据
4   byte pic[] = {0xEF, 0xC7, 0x83, 0x01, 0xEF, 0xEF, 0xEF, 0xFF};
5   SPIClass vspi(VSPI);                             //建立 VSPI 对象实例 vspi
6
7   void setup() {
8       vspi.begin();                                //初始化 VSPI
9       vspi.beginTransaction(SPISettings(spiCLK, LSBFIRST,
10  SPI_MODE0));                                     //❶
11
12      pinMode(5, OUTPUT);
13      digitalWrite(5, LOW);
14  }
15
16  void loop() {
17      for (int i = 0; i <= 7; i++) {
```

```
18      byte dataRow = 1 << (i);
19      vspi.transfer(pic[i]);          //发送列控制数据
20      vspi.transfer(dataRow);         //发送行控制数据
21      digitalWrite(5, HIGH);          //SY_CP引脚上升沿，更新数据
22      digitalWrite(5, LOW);
23    }
24  }
```

❶ 启动 SPI 通信事务，设定频率为 spiCLK，传送方式为 LSBFIRST，时钟模式为 SPI_MODE0。

程序运行：程序上传，在 8×8 LED 点阵屏显示箭头图案。

调整程序行 9 中的传送方式为 MSBFIRST，查看结果。修改程序行 2 中 spiCLK 的值为 200，查看结果。

同样原理，可以驱动单 74HC595 一位数码管模块，从而实现第 2 章项目四的效果。

本项目仅对 SPI 的器件连接和类库成员函数做一个简单的介绍，读者可以在此基础上通过 SPI 类库成员函数来驱动 SPI 接口的 TFT 显示屏，或在两块主控板之间通过 SPI 协议进行通信。

5.7　思考题

1. I²C 通信数据线有几根？分别是什么？各自的作用是什么？
2. I²C 通信时时钟信号由主设备还是从设备发送？
3. I²C 通信的主设备通过什么方式对从设备读取和写入数据？
4. ESP32 for Arduino 默认的 I²C 数据引脚是什么？
5. ESP32 for Arduino 提供的 I²C 通信库的头文件名称是什么？
6. Wire.begin()、Wire.beginTransmission()、Wire.write()、Wire.read()、Wire.endTransmission()函数的功能是什么？
7. MPU6050 姿态传感器集成了哪些传感器？
8. MPU6050 姿态传感器返回的姿态角具体包含什么？
9. 如何使用库函数通过 MPU6050 姿态传感器获得姿态角？
10. SSD1306 OLED 显示屏的基本参数有哪些？
11. 如何使用库函数在 SSD1306 OLED 显示屏上显示文字？如何实现控制台输出？
12. SPI 通信数据线有几根？分别是什么？各自的作用是什么？
13. SPI 通信时的时钟信号由主设备还是从设备发送？
14. SPI 通信时，SS 在什么电平时有效？
15. ESP32 for Arduino 提供的 SPI 通信库的头文件名称是什么？
16. 利用 SPI 类库通信时需要进行哪些初始化设置？

第 6 章　WiFi 联网和 Web 服务器

当前,计算机和网络已经密不可分,我们个人用的计算机和手机会联网获取资讯,家电(如空调或热水器)会联网接受远程控制,户外的监控摄像头和各种传感器通过网络将数据传回监控中心,我们所处的世界正走向万物互联。

本章先讲述网络互联知识,在此基础上,学习如何使用 ESP32 通过 WiFi 联网和 Web 服务器去控制输出和读入数据,构建初步的互联网络应用。

本章学习分为如下几个方面:

■ 网络基本知识和 Web 服务器;

■ HTML 基础;

■ 通过 Web 服务器控制输出;

■ 通过 Web 服务器读入数据。

6.1　网络基础知识和 Web 服务器

6.1.1　互联网络和 TCP/IP 协议

在世界各地,各种各样的计算机运行着不同的操作系统为大家服务,这些计算机在表达同一种信息时使用的方法也是千差万别,就好像语言不通会为人们合作带来障碍一样,计算机使用者意识到,使用单台计算机并不能发挥太大的作用,只有把它们连接起来,才能发挥出计算机的巨大潜力。于是人们就想方设法用线路将计算机连接到一起,这就构成了互联网络(Internet)。

通过线路简单将计算机连接到一起是远远不够的,就好像语言不通的两个人见了面,不能完全交流信息,因此需要定义一些共通的规则以方便交流,TCP/IP 就是为此而生的。TCP/IP 是一个协议家族的统称,除了包含了 IP 协议、TCP 协议,及我们比较熟悉的 HTTP、FTP、POP3 协议等。计算机有了这些协议,就好像学会了外语,就可以和其他的计算机进行信息传输和数据交流了。

TCP/IP 协议家族的协议成员是分层次的,我们称之为 TCP/IP 模型,共分 4 层,从底向上依次是网络接口层、网络层、传输层和应用层,如图 6-1 所示。

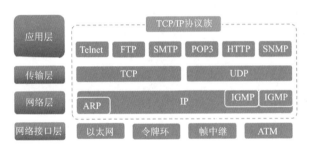

图 6 - 1　TCP/IP 模型图示

6.1.2　IP 地址

IP 地址指互联网协议地址(Internet Protocol Address),是 IP 协议提供的一种统一地址格式,它为互联网上的每一个网络和每一台主机分配一个逻辑地址,以此来屏蔽各种不同类型计算机物理地址的差异。

举个例子,如果要写信给一个人,那就要知道他(她)的地址,这样邮递员才能将信件送到。IP 地址相当于计算机在网络上的"门牌号",只有通过 IP 地址才能找到对方的计算机或服务器,如图 6 - 2 所示。

IP 地址的定义不止一个版本,目前的主流版本为 IPv4。IPv4 地址的长度为 32 位,分为 4 段,每段 8 位,用十进制数字表示,每段数

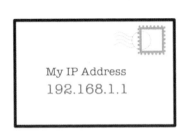

图 6 - 2　IP 地址图示

字范围为 0~255,段与段之间用句点隔开,如 202.102.10.1。可见,IPv4 共有 2^{32} 个,即不到 43 亿个 IP 地址。在互联网发展的初期这似乎是个很大的数量,但随着互联网的发展,尤其移动互联网的发展,越来越多的服务器和终端(包括手机)连入互联网,即使只满足全球 70 亿人口的手机连网,IP 地址数量就已不够使用了,更何况即将到来的物联网时代,万物互联,各种各样的传感器都会联网,此时连入互联网的终端数量将比人口数量至少高 1 000 倍。为了满足这种需求,国际标准组织又提出了 IPv6 标准,IPv6 的地址长度为 128 位,其地址数量号称"可以为全世界的每一粒沙子拥有一个 IP 地址",足够支撑未来相当长时间的发展需要。目前,IPv4 正在向 IPv6 应用的过渡过程中。

如果你的计算机通过路由器连接到互联网,那么路由器会分配一个 IP 地址给计算机。单击快捷键"win+R",在弹出对话框的文本框中输入 cmd 命令后回车,则可以打开 Windows 命令行界面。在提示符下,输入 ipconfig 命令可以查看当前计算机的 IP 配置,示例如下:

```
C:\>ipconfig
Windows IP 配置
无线局域网适配器 本地连接 * 1:
    媒体状态 . . . . . . . . . . . :媒体已断开连接
    连接特定的 DNS 后缀 . . . . . . . :
无线局域网适配器 本地连接 * 3:
    媒体状态 . . . . . . . . . . . :媒体已断开连接
    连接特定的 DNS 后缀 . . . . . . . :

无线局域网适配器 WLAN:
    连接特定的 DNS 后缀 . . . . . . . :
    IPv6 地址 . . . . . . . . . . : 2409:8921:6240:3fa7:b439:32b9:5d75:9279
    临时 IPv6 地址 . . . . . . . . . : 2409:8921:6240:3fa7:414b:6e58:15cf:3543
    本地链接 IPv6 地址 . . . . . . . : fe80::b439:32b9:5d75:9279%9
    IPv4 地址 . . . . . . . . . . : 192.168.43.68←【本机的 IP 地址】
    子网掩码 . . . . . . . . . . : 255.255.255.0
    默认网关 . . . . . . . . . . . : fe80::262e:2ff:fe43:447d%9
                                    192.168.43.1
以太网适配器 蓝牙网络连接:
    媒体状态 . . . . . . . . . . . :媒体已断开连接
    连接特定的 DNS 后缀 . . . . . . . :
```

6.1.3 端口号

我们知道,一台拥有 IP 地址的主机可以提供许多服务,比如网页浏览服务、文件传送服务、邮件服务等,那么,主机如何区分不同的网络服务呢? 显然不能只靠 IP 地址,因为 IP 地址与网络服务的关系是一对多的关系,现实中是通过"IP 地址＋端口号"来区分不同的服务。

常用的端口号(Port)对应的应用列表如表 6 - 1 所列。

表 6 - 1 常用端口号表

端口号	基于协议	描　　述
20	TCP	文件传输协议(FTP),数据端口
21	TCP	文件传输协议(FTP),控制端口
22	TCP	远程登录协议(SSH),用于安全登录及文件传送等
23	TCP	终端仿真协议(Telnet),用于未加密文本通信
25	TCP	简单邮件传输协议(SMTP),用于邮件服务器间的电子邮件传递
53	UDP	域名解析协议(DNS),用于域名解析
80	TCP	超文本传输协议(HTTP),用于传输网页,即 Web 服务

端口号	基于协议	描　述
110	TCP	邮局协议第 3 版(POP3),用于接收电子邮件
443	TCP	安全的超文本传输协议(HTTPS),用于加密 HTTP 传输

　　为了帮助读者更好地理解"IP 地址＋端口号"来区分不同服务,可以把一个 IP 地址看作一家医院,医院有内科、外科、牙科、五官科等科室。挂号时,大夫就会根据你的症状安排到不同的科室去诊治,这些科室就和端口类似,不同端口号对应着不同的网络服务(Web 服务、FTP 服务等)。

6.1.4　客户端-服务器模式

　　互联网络把计算机连起来的目的主要是向计算机提供信息服务,互联的计算机通常可分为两类:一类是信息服务的请求者(Requestor),被称为客户端(Client);另一类是信息服务的响应者(Responsor),被称为服务器(Server)。这种主要由客户端和服务器组成的网络架构称为客户端-服务器模式(简称 C/S 模式),如图 6 - 3 所示。例如,在计算机或手机的浏览器输入 www.baidu.com 访问网站,此时计算机或手机上的浏览器就是客户端,而百度网站的计算机和数据库则是服务器。当网页浏览器向百度发送一个查询请求时,百度服务器从百度的数据库中找出该请求所对应的信息,组合成一个网页,再发送回浏览器。

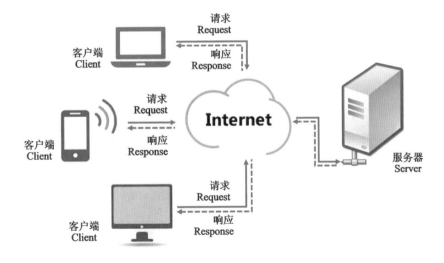

图 6 - 3　客户端-服务器模式

6.1.5　HTTP 协议

　　协议是指计算机通信网络中两台计算机之间进行通信所必须共同遵守的规定或

規則。

HTTP 协议是 Hyper Text Transfer Protocol（超文本传输协议）的缩写，是从万维网（WWW：World Wide Web）服务器传输超文本到本地浏览器的传送协议。超文本是指用超链接的方法将各种不同空间的文字信息组织在一起而形成的网状文本。这里的文字信息包含文字、图片、音频、视频、文件等数据。

HTTP 协议是基于客户端/服务端（C/S）的架构模型。

HTTP 客户端一般是一个应用程序（比如 Web 浏览器），通过连接到服务器达到向服务器发送一个或多个 HTTP 的请求的目的。

HTTP 服务器同样也是一个应用程序，通常是一个 Web 服务器程序，如微软 IIS 服务器，服务器通过接收客户端的请求并向客户端发送 HTTP 响应数据。

HTTP 的访问由客户端发起，通过一种叫统一资源定位符（URL：Uniform Resource Locator，比如 www.baidu.com/duty）的标识来找到服务端，建立连接并传输数据。

HTTP 默认端口号为 80。

6.1.6 ESP32 Web 服务器

HTTP 服务器也称为 Web 服务器，用于接收客户端 HTTP 请求消息并回复响应消息，是一个运行在硬件服务器上的软件。

ESP32 Web 服务器就是一个运行在 ESP32 硬件平台上的 Web 服务器程序。自底向上与 TCP/IP 的 4 层模型有着对应关系。

客户端与 Web 服务器通过 HTTP 协议进行交互，如图 6-4 所示。

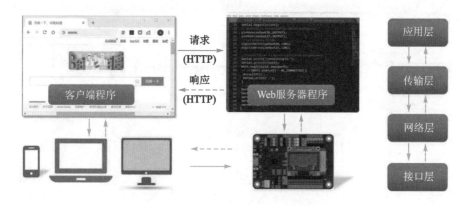

图 6-4 客户端与 Web 服务器通过 HTTP 交互

6.1.7 URL 和域名、IP 之间的关系

下面的示例分别为 URL、域名和 IP：

- http://www.baidu.com/duty/是 URL；
- www.baidu.com 就是域名；
- 61.135.169.125 就是 IP 地址。

在计算机的浏览器输入 http://www.baidu.com/duty/(URL)，其中，http 为传输协议；www.baidu.com 为域名，计算机会通过域名解析系统(DNS：Domain name resolution)，把 www.baidu.com(域名)解析成 61.135.169.125(IP 地址)，然后和 61.135.169.125 建立连接，并告诉 61.135.169.125："我要看/duty(资源路径下)网页的内容。"

之所以在 IP 地址之外还引入域名，主要是为了帮助记忆，IP 地址作为一个抽象的数字不太容易记住，而 www.baidu.com 则容易记住多了。

6.1.8　ESP32 WiFi 工作模式

前面讲到，ESP32 是一款集成了 WiFi＋蓝牙功能的双模芯片，ESP32 提供了 3 种 WiFi 工作模式，分别是 Station(STA)、Access Point(AP)、STA＋AP。

1. STA 模式

当 ESP32 工作于 STA 模式时，ESP32 作为一个站点接入到接入点，最常见的接入点就是路由器，如图 6 - 5 所示。

Station（STA）　　　　Access Point（AP）　　Station（STA）

图 6 - 5　STA 模式示意图

2. AP 模式

当 ESP32 工作于 AP 模式时，ESP32 就是接入点，类似于路由器。手机和计算机都可以连接到该 ESP32，如图 6 - 6 所示。

3. STA＋AP 模式

当 ESP32 工作于 STA＋AP 模式时，首先，作为接入点，手机等其他终端可以连接到该 ESP32，同时该 ESP32 还可以作为端点连接到其他接入点，如路由器，如图 6 - 7 所示。STA＋AP 模式通常使用于 MESH 网络，本书不再讲述。

ESP32 的 AP 功能是通过软件来实现，所以也称为 softAP。

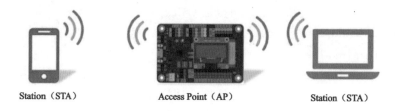

图 6 - 6 AP 模式示意图

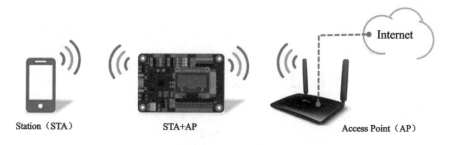

图 6 - 7 STA＋AP 模式示意图

6.1.9 ESP32 WiFi 类库及成员函数

为了方便使用 ESP32 的 WiFi 功能，ESP32 for Arduino 提供了功能强大的 WiFi 类库，该类库提供了丰富的成员函数用于 WiFi 操作。WiFi 类库的头文件为 WiFi. h。本小节分为 WiFi 连接、客户端(Client)、Web 服务器 3 类来介绍常用的成员函数(想全部了解WiFi 类库的结构及成员函数，则可查看类库代码或查看相关技术文档)。

WiFi 连接	Web 服务器	客户端(Client)
■ WiFiClass 对象	■ WiFiServer 对象	■ WiFiClient 对象
■ WiFiSTAClass. begin()	■ WiFiServer. begin()	■ WiFiClient. connect()
■ WiFSTAiClass. localIP()	■ WiFiServer. available()	■ WiFiClient. available()
■ WiFiSTAClass. status()	■ WiFiServer. stop()	■ WiFiClient. read()
■ WiFiAPClass. softAP()		■ WiFiClient. print()
■ WiFiAPClass. softAPIP()		■ WiFiClient. println()
■ WiFiAPClass. softAPgetSta-tionNum()		■ WiFiClient. localIP()
		■ WiFiClient. remoteIP()
■WiFiAPClass. softAPdisconnect()		■ WiFiClient. stop()

WiFiClass 类库常见的成员函数说明如下：

WIFICLASS 对象

功能:用于定义 WiFiClass 对象实例。WiFi.h 文件中已经定义了对象实例为 WiFi。WiFiClass 对象继承了 WiFiSTAClass 对象、WiFiAPClass 对象、WiFiScanClass 对象、WiFiGenericClass 对象。

WiFiSTAClass.begin(char * ssid, const char * passWord);

功能:以 STA 模式连接到 SSID。

返回值:枚举类型,对应值 0~6。返回值为 3(WL_CONNECTED)表示连接成功。

参数:ssid:WiFi 的 SSID 名称。

　　　PassWord:WiFi 密码,当没有密码时该参数不用填写。

WiFiSTAClass.localIP();

功能:返回该客户端连上 WiFi 后被分配的 IP 地址。

返回值:IPAddress 对象。

WiFiSTAClass.Status();

功能:获取该客户端 WiFi 连接状态。

返回值:枚举类型,对应值 0~6。返回值为 3(WL_CONNECTED)表示连接正常。

WiFiSTAClass.softAP(const char * ssid, const char * passWord);

功能:创建一个 softAP,并设定 SSID 和密码。最多可接入 10 个 STA,默认 4 个 STA。

返回值:boolean 类型,创建成功返回值为 true,否则为 false。

参数:ssid:softAP 的 SSID 名称。SSID 是日常登录网络时的网络链接名称。

　　　passWord: softAP 的密码。

WiFiSTAClass.softAPIP();

功能:返回 softAP 的 IP 地址,返回的地址为 IPAddress 对象类型。

返回值:IPAddress 对象。

WiFiSTAClass.softAPgetStationNum();

功能:侦测并返回连接到 softAP 上的 STA 数量。

返回值:整型数,连接到 softAP 上的 STA 数量。

WiFiSTAClass.softAPdisconnect();

功能:关闭 softAP。

返回值:boolean 类型,关闭成功返回值为 true,否则为 false。

WiFiServer 类库及常用的成员函数说明如下:

WiFiServer 对象

功能:用于定义 WiFiServer 对象实例。定义对象实例时需要制定端口号,默认端口为 80。例如,WiFiServer myServer(80)。

WiFiServer.begin();

功能:启动 Web 服务器。

返回值:无。

WiFiServer.available();

功能:侦听是否有 Client 接入。如果接入,则返回 WiFiClient 对象。

返回值:WiFiClient 对象。

WiFiServer.stop();

功能:关闭 Web 服务器。

返回值:无。

WiFiClient 类库及常用的成员函数说明如下:

WiFiClient 对象

功能:用于定义 WiFiClient 对象实例。

WiFiClient.connect(const char * host, uint16_t port);

功能:将客户端连接到指定的服务器。

返回值:0/1,连接成功返回值为 1,否则为 0。

参数:HOST:Web 服务器的 IP 地址。

　　　Port:Web 服务器的端口号。

WiFiClient.available()

功能:客户端接收缓冲区中的字节数,缓冲区为空时,返回值为 0。

返回值:整型数,返回缓冲区中的字节数。

WiFiClient.read();

功能:从客户端接收缓冲区中读取数据,功能与 serial.read()类似。

返回值:缓冲区第一个字节数据。

WiFiClient.print(data) / WiFiClient.println(data);

功能:向发送缓冲区中发送文本,功能和 Serial.print()及 Serial.println()类似。

返回值:发送数据的字节长度。

参数:data 要发送的字符或字符串。

```
WiFiClient.localIP();
```
功能:返回客户端的本地 IP 地址,返回的地址为 IPAddress 对象类型。

返回值:IPAddress 对象。

```
WiFiClient.remoteIP();
```
功能:返回远端客户端的 IP 地址,返回的地址为 IPAddress 对象类型。

返回值:IPAddress 对象。

```
WiFiClient.stop();
```
功能:客户端断开连接。

返回值:无。

6.2　HTML 基础

HTML(Hyper Text Markup Language),即超文本标记语言,是用于创建网页的主要标记语言。浏览网页时,每一个网页对应一个 HTML 文档。Web 浏览器是为了解释 HTML 文件而生的,HTML 文件中的标签告诉 Web 浏览器如何在页面上显示内容。HTML 文档的后缀为.html 或者.htm,这两种后缀一样,没有区别。

本节将通过编写简单的 HTML 文档来了解 HTML 文档的基本结构。

6.2.1　HTML 文档编辑工具——Sublime Text 软件的下载安装

HTML 文档是纯文本格式,本书采用 Sublime Text 软件来编辑 HTML 文档。Sublime Text 具有漂亮的用户界面和强大的功能,软件体积小且运行速度快,支持关键词的高亮显示和缩进显示、支持 HTML 标记的配对显示等便捷功能。

软件下载:Sublime 软件可从官网 www. sublime. com 下载,或从全国青少年机器人等级考试官方网站下载,下载链接为 http://www. kpcb. org. cn/h-nd-288. html。

软件安装:考试官网下载的是软件安装包,按照提示安装到默认目录即可。

Sublime Text 软件是收费软件,可以无限期全功能试用,未付费注册仅在运行时有激活提示弹窗。

编辑 HTML 文档的软件很多,如 VSCode、notepad++。此外,微软的 Front-Page 和 Adobe 公司的 Dreamweaver,是"所见即所得"的可视化网页制作软件,读者可以自行选择。

6.2.2　编写第一个 HTML 文档

Sublime Text 具有代码提示和自动生成功能。编写第一个 HTML 文件按照如下步骤:

步骤一:打开 Sublime Text 软件。

步骤二：选择 File→Save 菜单项，保存当前文件为 esp32_test.html。

步骤三：在文本编辑窗口中输入"< h"，则 Sublime Text 弹出如图 6-8 所示下拉菜单，直接回车，则软件自动生成 HTML 文档的基本框架，如图 6-9 所示。

图 6-9 的文档内容中，不同的"< >"及其包围的关键词称为 HTML 标记标签，简称为 HTML 标签，如 <html>、<head>、<title>、<button>等。我们可以观察到，绝大多数标签成对出现。

图 6-8　Sublime Text 快捷菜单

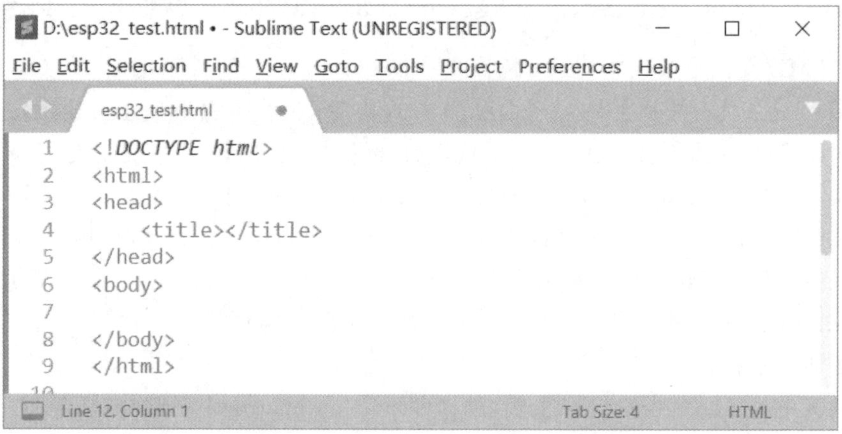

图 6-9　Sublime Text 软件自动生成 HTML 文件架构

步骤四：在自动生成的 HTML 文档框架的基础上，输入如图 6-10 所示内容，形成一个完整的 HTML 文档。其中，"<! --　-->"符号和内容为备注，可不输入。

我们手动输入的内容称为文本，文本和 HTML 标签构成了 HTML 文档。

这个 HTML 文档中还使用了新的 HTML 标签，如链接标签<a herf＝"URL"

链接文本＞、按钮标签＜button＞等。

图 6 - 10　esp32_test. html

步骤五：使用浏览器软件，打开 esp32_test. html 文件，网页显示效果如图 6 - 11 所示，该页面显示的内容是后续课程中通过网页控制 LED 灯亮灭的页面。

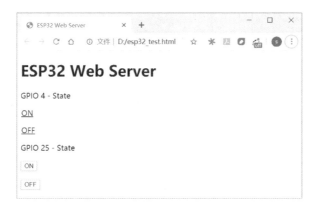

图 6 - 11　esp32_test. html 网页显示效果

步骤六：分别修改步骤四输入的文本内容，保存文件后，重复步骤五，仔细观察浏览器中网页显示内容的变化。

步骤七：单击图 6 - 11 中的链接和按键。查看网页的显示，理解链接标签的功能。

点击 ON 链接，则网页跳转到 https://www. runoob. com/html/html-intro. html，该网站详细讲述了 HTML 语言，访问该网站可了解更多 HTML 内容。

单击 ON 按钮,则浏览器打开 esp32_test. html 所在目录、文件名为 heartB. png 的图像(如图 3 - 13 所示),单击后浏览器显示界面如图 6 - 12(a)所示。读者可根据现有的图像文件修改图 6 - 10 中第 12 行的内容。

点击 OFF 链接,根据 esp32_test. html 文档,浏览器打开文档所在目录下文件名为 led1_off 的文件。因为该文件不存在,则显示如图 6 - 12(b)所示界面。

(a)   (b)

图 6 - 12   esp32_test. html 链接显示效果示意

6.2.3   HTML 文档基本结构

HTML 文档的基本结构如图 6 - 13 所示。

图 6 - 13   HTML 文档结构图示

现将 HTML 文档的基本结构总结如下：

- HTML 文档由 HTML 标签及文本内容组成。
- HTML 标签是由尖括号及包围的关键词组成，比如 < html > 、< head > 等。
- HTML 标签通常是成对出现的，比如 < p > 和 </p > ，标签对中的第一个标签是开始标签，第二个标签是结束标签。结束标签比开始标签多一个斜杠"/"。
- <！DOCTYPE html > 声明必须位于 HTML 文档中的第一行，向浏览器声明此文档是 HTML 文档。HTML 有多个版本，本标签声明文档是 HTML5 版本的文档。
- <!--与--> 为注释标签，用于在 HTML 插入注释。
- < html > </html > 标签表示网页的开始和结尾，网页的结构基于两者之间。
- HTML 文档分为两个主要部分：头部和主体。< head > 和 </head > 标记头部，< body > 和 </body > 标记主体。头部包含有关 HTML 文档的属性数据，这些数据对最终用户不可见，但会向网页添加标题、脚本、样式甚至更多，这称为元数据。主体是包括类似文本、按钮、表格等的页面内容。

6.2.4　HTML 标签

表 6-2 介绍常用 HTML 标签的使用，更多标签可查看相关资料。

表 6-2　常用 HTML 标签

标　记	作　用	用　法	放置位置
< title >	页面标题，用于显示浏览器选项卡中的文本	< title >页面标题名</title >	头部
< h1 >~< h6 >	文本标题，以"h"开头，后面跟着表示标题等级的数字，数字越大，字体越小	< h1 >ESP32 Web Server 应用</h1 >	主体头
< p >	段落，用于放置文本	< p >段落文本</p >	主体
< button >	按钮	< button >按钮文本</button >	主体
< a >	超链接，用于向文本、图像、按钮之类 HTML 元素添加超链接	< a href="url">链接文本</a >	主体
< meta >	元数据，不会显示在页面上，向浏览器提供如何显示内容的有用信息，让页面适应不同类型的 Web 浏览器	< meta charset="UTF-8" http-equiv="refresh" content="2">	头部
< br >	插入一个简单的换行符	< br >	主体

6.2.5　CSS 简介

CSS(Cascading Style Sheets，级联样式表)用于描述网页中元素的外观，使页面更加整洁美观。CSS 描述页面的某个部分，比如一个特定的标签或一组特定的标签。CSS 可以添加到 HTML 文件中，或者添加到 HTML 文件引用的单独文件中。

本章示例程序 HTML 文档包含了 CSS，定义了页面的对齐方式以及按键颜色，读者可以从官网下载查看。有关 CSS 的详细知识可查阅相关文档或菜鸟网站。

图 6-14 是项目一中控制 LED 灯所显示的页面内容，和图 6-11 相比，增加了居中功能，该功能由 CSS 定义。

图 6-14　项目一网页控制页面

图 6-14 对应的 HTML 文档如下：

```
1    <! DOCTYPE HTML>
2    < html >          <! -- html 文档开始 -- >
3    < head >          <! -- 头部开始 -- >
4        < title > ESP32 Web Server </title >
5        < meta charset = "utf - 8" >              ❶
6        < style >                                  ❷
7            html{
8                text - align: center;
9            }
10       </ style >
11   </ head >                  <! -- 头部结束 -- >
12   < body >                    <! -- 主体页面开始 -- >
13       < h2 > ESP32 Web Server </h2 >
14       < p > GPIO 4 - State </p >
15       < p > < a href = "/led1_on" > < button > 打开 </button > </a > </p >
16       < p > < a href = "/led1_off" > < button > 关闭 </button > </a > </p >
17       < p > GPIO 25 - state </p >
```

18	< p > < a href = "/led2_blink" > < button > 闪烁 </button > </a > </p >
19	< p > < a href = "/led2_off" > < button > 关闭 </button > </a > </p >
20	</body >	<!-- 主体页面结束 -->
21	</html >	<!-- html 文档结束 -->

❶ 字符声明为 UTF - 8,避免在页面显示中文时出现乱码。

❷ < style > 标签内为 CSS 定义的格式内容。这里设置 HTML 页面文字排列为中间对齐。

6.3　项目一：Web 服务器控制输出

6.3.1　项目任务

本项目将以无线的方式,通过单击 Web 网页上的按键,控制连接到 GPIO4 和 GPIO25 引脚的 LED 灯。

要实现上述任务,在完成电路搭设后,我们首先需要将终端浏览器(例如,计算机、手机)和 ESP32 主控板连接入 WiFi 网络;然后在 ESP32 上建立 Web 服务器,再在终端浏览器中输入 ESP32 主控板的 IP 地址,访问 ESP32 Web 服务器。单击 Web 网页上的按钮,则以无线的方式控制打开或关闭这两个 LED,控制页面如图 6 - 14 所示。

6.3.2　任务分析

本项目采用本地网络,即同一个路由器下的局域网,实现上述任务控制。先将 ESP32 主控板设置为 AP 模式,然后在该 ESP32 主控板上布置 Web 服务器,计算机通过 ESP32 提供的 WiFi 来访问 Web 服务器,从而实现无线控制。

根据 TCP/IP 的 4 层模型,将本任务分解成如图 6 - 15 所示 4 个步骤。

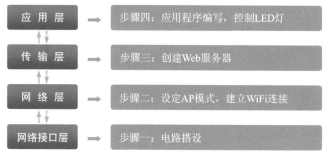

图 6 - 15　项目分解步骤示意

6.3.3 步骤一：电路搭设

所需器件：■　LED 模块　　2 个
　　　　　■　3P 数据线　　2 根

电路搭设：将两个 LED 连接到 ESP32，其中一个 LED 连接到 GPIO4，另一个 LED 连接到 GPIO25。模块连接示意图如图 6 – 16 所示，电路原理图如图 6 – 17 所示。

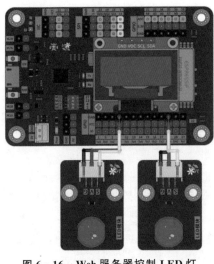

图 6 – 16　Web 服务器控制 LED 灯
电路连接示意图

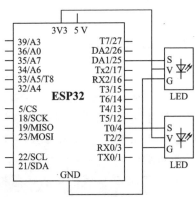

图 6 – 17　Web 服务器控制 LED 灯
电路原理图

6.3.4 步骤二：设定 AP 模式，建立 WiFi 连接

通过 WiFiAPClass 类库提供的成员函数，设置为 softAP 模式，建立 WiFi，程序如下：

```
1    # include < WiFi.h >                          //加载 WiFi 库 ❶

2
3    const char * ssid     = "ESP32";              //AP 的 SSID
4    const char * password = "12345678";           //AP 的密码

5
6    int staNum = 0;                               //保存 AP 连接的 STA 数量

7
8    void setup() {
9      Serial.begin(115200);
10     Serial.println();
11     Serial.println("Configuring access point...");

12
13     WiFi.softAP(ssid, password);                //创建 AP,并设置用户名及密码 ❷
```

```
14    IPAddress myIP = WiFi.softAPIP();    //返回 AP 的 IP 地址
15    Serial.print("AP ip address：");
16    Serial.println(myIP);                       //将 softAP 的地址显示到串口监视器
17    delay(200);
18    Serial.printf("Number connect to softAP : %d\n", staNum);
19  }
20
21  void loop() {
22    int currentNum = WiFi.softAPgetStationNum(); //连接的 STA 数量
23    if (currentNum != staNum) {                    //当 STA 数量改变时,输出当前的连接数
24      staNum = currentNum;
25      Serial.printf("Number connect to soFAP : %d\n", staNum);
26    }
27  }
```

❶　　WiFi.h 是 ESP32 for Arduino 提供的 WiFi 类库的头文件。该文件中已经加载了其他常用的头文件,所以程序中只要加载该头文件即可。

❷　　该行程序中,WiFi.softAP()创建 softAP,并设置了 SSID 和密码。

从 6.1.9 小节可知,softAP()是 WiFiAPClass 对象的成员函数。因为 WiFiClass 对象继承了 WiFiAPClass 对象,在 WiFi.h 文件中定义了 WiFi-Class 对象的实例为 WiFi,所以通过 WiFi.softAP()调用该成员函数。

程序运行：先打开串口监视器,将波特率设置为 115 200。

上传程序,则串口监视器界面会显示 softAP 的 IP 地址信息,同时显示当前连接的 STA 数量为 0。此时查看计算机等无线终端的网络链接,则出现名称为 ESP32 的网络链接,登录该链接,输入密码 12345678,则串口监视器显示的 STA 数量发生变化,如图 6-18 所示。

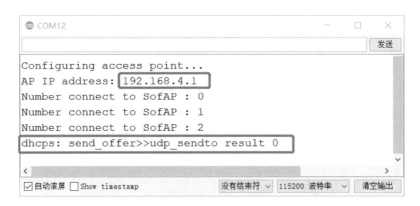

图 6-18　设定 AP,STA 连接 AP 串口监视器界面

图 6-18 中,192.168.4.1 为 softAP 的 IP 地址。当计算机连接到 softAP 时,则出现提示信息"dhcps：send_offer >> udp_sendto result 0",表明 AP 为连接进来的

客户端自动分配 IP 地址。

将计算机连接到 ESP32 后，可以使用 ping 命令查看 WiFi 连接是否相互通达。ping 是 Windows 自带的一个测试 IP 地址是否通达的小工具，具体用法为在命令提示符下，"ping+测试的 IP 地址"回车即可，命令执行显示如下：

```
D:\> ping 192.168.4.1

正在 Ping 192.168.4.1 具有 32 字节的数据：
来自 192.168.4.1 的回复：字节 = 32 时间 = 1 ms TTL = 255
来自 192.168.4.1 的回复：字节 = 32 时间 = 1 ms TTL = 255
来自 192.168.4.1 的回复：字节 = 32 时间 = 2 ms TTL = 255
来自 192.168.4.1 的回复：字节 = 32 时间 = 30 ms TTL = 255

192.168.4.1 的 Ping 统计信息：
    数据包：已发送 = 4，已接收 = 4，丢失 = 0（0% 丢失），
往返行程的估计时间（以毫秒为单位）：
    最短 = 1 ms，最长 = 30 ms，平均 = 8 ms
```

本次 ping 命令中，计算机收到 4 条来自该 IP 地址的回复消息，表明该 IP 地址可通达。

至此，通过 softAP 模式建立 WiFi 连接完成。

6.3.5 步骤三：创建 Web 服务器

在 WiFi 连接的基础上，通过 WiFiServer 类库提供的成员函数，创建 Web 服务器。通过 WiFiClient 类库提供的成员函数，读取接入的 STA 发送的数据。程序如下：

```
1   # include < WiFi.h >                    //加载 WiFi 库
2   String led1State = "OFF";               //网页显示 LED1 的状态
3   String led2State = "OFF";               //网页显示 LED2 的状态
4   String receLine = "";                   //字符串对象,用于保存 Client 发送的单行数据
5   const char * ssid      = "ESP32";       //AP 的 SSID
6   const char * password = "12345678";     //AP 的密码
7
8   WiFiServer server(80);                  //定义 Web 服务器对象实例,端口默认为 80❶
9   WiFiClient newClient;                   //定义客户端对象❷
10
11  void setup() {
12    Serial.begin(115200);
13    Serial.println();
14    Serial.println("configuring access point...");
```

```
15      WiFi.softAP(ssid, password);                    //创建一个 AP,并设置用户名及密码
16      IPAddress myIP = WiFi.softAPIP();               //返回 AP 的 IP 地址
17      Serial.print("AP IP address: ");
18      Serial.println(myIP);
19      Serial.println();
20      server.begin();                                 //启动 Web 服务器
21  }
22
23  void loop() {
24      newClient = server.available();                 //侦听接入的 Client
25      if (newClient) {                                //如有新 Client 接入
26        Serial.print("new Client connected. IP address is : ");
27        Serial.println(newClient.remoteIP());         //显示 Client 的 IP 地址
28
29        while (newClient.connected()) {               //Client 是否一直保持连接
30          if (newClient.available() > 0) {            //接收缓冲区接收到数据
31            char c = newClient.read();                //从接收缓冲区中读取字符数据
32            Serial.print(c);                          //将字符输出到串口监视器
33            if (c == '\n') {        // 用于判断接收到的网页访问数据是否结束❸
34              if (receLine.length() == 0) {
35  //            pageDisplay();                         //网页内容显示
36                break;
37              }
38              else {
39                receLine = "";                         //清空 receLine
40              }
41            }
42            else if (c != '\r') {
43              receLine += c;
44            }
45          }                                            //结束判断
46        }
47        newClient.stop();                              //断开与 Client 的连接
48        Serial.println("Client disconnected.");
49      }
50  }
51
52  void pageDisplay() {                                 //❹
53      newClient.println("HTTP/1.1 200 OK");
54      newClient.println("Content - type:text/html");
55      newClient.println();
56      newClient.print("< ! DOCTYPE html >");
57      newClient.print("< html > ");
58      newClient.print("< head >");
59      newClient.print("< title > ESP32 Web Server </title > ");
```

```
60    newClient.print("< meta charset = \"utf - 8\" >");
61    newClient.print("< style > html{text - align: center;} </style >");
62    newClient.print("</head >");
63    newClient.print("< body > < br >");
64    newClient.print("< h2 > ESP32 Web Server </h1 >");
65    newClient.print("< p > GPIO 4 - " + Led1State + "</p >");
66    newClient.print("< p > < a href = \"/LED1_on\" > < button > 打开
67  </button > </a > </p >");
68    newClient.print("< p > < a href = \"/LED1_off\" > < button > 关闭
69  </button > </a > </p >");
70    newClient.print("< p > GPIO 25 - " + Led2State + "</p >");
71    newclient.print("< p > < a href = \"/LED2_blink\" > < button > 闪烁
72  </button > </a > </p >");
73    newClient.print("< p > < a href = \"/LED2_off\" > < button > 关闭
74  </button > </a > </p >");
75    newclient.print("</body > </html >");
76    newclient.println();
77  }
```

❶   该行程序定义 WiFiServer 服务器对象实例为 server,服务器端口号为 80。

❷   该行程序定义 WiFiClient 客户端对象实例为 newClient,用于保存侦听登录到 Servr 的客户端对象。

❸   程序行 33～45 用于判断客户端发送给 Web 服务器的 HTTP 请求数据是否发送完毕。当浏览器登录该 Web 服务器时,浏览器会发送 HTTP 请求。HTTP 请求的内容是固定格式的多行文本,并以空行结束。空行是以转义字符"\r\n"表示。字符串对象 receLine 用于保存接收到的单行数据,不包含结束符"\r\n"。

    当 receLine 字符串长度为 0 时,表明该行是空行,同时也表明 HTTP 请求发送完毕。浏览器发送的 HTTP 请求文本如图 6 - 19 所示。

    Web 服务器接收 HTTP 请求完毕,此时 Web 服务器可发送 HTTP 响应给客户端。

❹   该函数是 Web 服务器发送给客户端的 HTTP 响应的内容,客户端浏览器接收到 HTTP 响应后,显示的页面如图 6 - 14 所示。

    向客户端发送 HTTP 响应采用 WiFiClient. println()函数。

    程序行 53～55 发送的 3 行内容如下:

```
"HTTP/1.1 200 OK"
Content-type:text/html
```

    这 3 行内容为 HTTP 响应码。HTTP 响应头部通常以响应码开始(如 HTTP/1.1 200 OK),然后是 Content-type,告诉客户端响应文档的类型为

text/html,最后以空行结束。这种响应消息格式由 HTTP 规范定义,按照规范发送即可。

　　程序行 56~75 发送的内容是图 6 - 14 所对应的 HTML 文档,可参看 6.2.5 小节。

　　HTML 文档的某些部分包含双引号,如程序行 60 所示:

```
< meta charset = "utf - 8" >
```

　　要将这些双引号发送到客户端,而不与 client. println("")的双引号冲突,需要在发送内容的双引号之前添加一个反斜杠(\)的转义字符。

```
newClient.print(" < meta charset = \"utf - 8\" > ");
```

程序运行：程序运行按照如下顺序进行:

① 打开串口监视器,设置波特率为 115 200。

② 上传程序,然后将计算机连接到网络链接 ESP32。

③ 打开浏览器,在地址栏中输入 192.168.4.1 后回车。串口监视器界面显示如图 6 - 19 所示。图中第一行显示计算机作为 STA 连接到 softAP 后,分配的 IP 地址为 192.168.4.2。后续方框中的内容为客户端发送 HTTP 请求文本,以空行结束。注意,不同浏览器对应的 HTTP 请求文本稍有不同。此时客户端浏览器页面显示没有收到 HTTP 响应的提示信息。

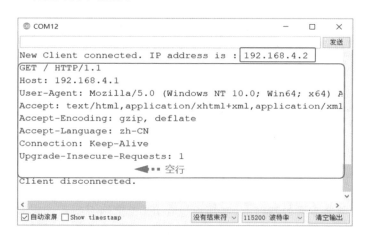

图 6 - 19　HTTP 请求串口监视器文本示意

④ 将程序行 35 中的注释去除,重新上传程序。重复①~③,此时客户端浏览器将显示图 6 - 14 所示界面。

⑤ 单击"闪烁"按键,观察串口监视器显示的 HTTP 请求文本,如图 6 - 20 所示。请求文本开始显示的内容为"GET /led2_blink"。

图 6 - 20　HTTP 请求——GET 串口监视器文本示意

GET 是 HTTP 请求的最常用方法。HTTP 请求方法有 GET、HEAD、POST、PUT、PATCH、DELETE 等。ESP32 for Arduino 的 HTTP 类库提供了 4 种 HTTP 请求方法,分别为 GET、PATCH、POST、PUT,各自的含义如下:

- GET:客户端向服务器端发送索取数据请求,类似数据库的查询操作。
- PUT:客户端向服务器端发送数据,替换指定的文档内容,类似数据库的更新(update)操作。
- POST:客户端向服务器端发送数据,类似数据库的插入(insert)操作。
- PATCH:和 PUT 类似,客户端向服务器端发送数据,对已知数据进行局部更新。

"/led2_blink"为"闪烁"按键对应链接标签的 URL。单击不同的按键,则该按键对应的 URL 将出现在 HTTP 请求文本中。步骤四将利用这个特性,在程序中对 HTTP 请求的文本进行分析,并以此来控制 LED 灯的变化。

至此,Web 服务器创建完毕。

6.3.6　步骤四:编写应用程序,控制 LED 灯

本步骤在前面步骤的基础上,实现通过 WiFi 单击网页按键的形式来控制 LED 灯亮灭变化,并在网页上显示 LED 灯的当前状态。具体控制如下:

"打开"按键:控制 GPIO4 引脚连接的 LED 灯点亮。

"闪烁"按键:控制 GPIO25 引脚连接的 LED 灯闪烁。

"关闭"按键:分别控制 GPIO4 或 GPIO25 引脚连接的 LED 灯熄灭。

本步骤是通过对 Web 服务器接收到的 HTTP 请求中的 URL 信息进行分析,再根据 URL 信息的不同实现对 LED 灯的控制,并在网页上显示 LED 灯的当前状态。程序如下:

```
1   # include < WiFi.h >                                  //加载 WiFi 库
2   const int led1Pin = 4;                                //LED1 连接 4 引脚
3   const int led2Pin = 25;                               //LED2 连接 25 引脚
4   boolean led1Flag = false;                             //状态变量,保存 LED1 的状态❶
5   boolean led2Flag = false;                             //状态变量,保存 LED2 的状态❶
6   string led1State = "OFF";                             //网页显示 LED1 的状态
7   string led2State = "OFF";                             //网页显示 LED2 的状态
8   string receLine = "";        //字符串对象,用于保存 Client 发送的单行数据
9   string receAll = "";           //字符串对象,用于保存 Client 发送的全部数据❷
10  const char * ssid    = "ESP32";                       //AP 的 SSID
11  const char * password = "12345678";                   //AP 的密码
12
13  WiFiServer server(80);                                //定义 Web 服务器对象,端口默认为 80
14  WiFiClient newClient;                                 //定义客户端对象
15
16  void setup() {
17    Serial.begin(115200);
18    Serial.println();
19    Serial.println("configuring access point...");
20
21    WiFi.softAP(ssid, password);                        //创建一个 AP,并设置用户名及密码
22    IPAddress myIP = WiFi.softAPIP();                   //返回 AP 的 IP 地址
23    Serial.printf("AP IP address: ");
24    Serial.println(myIP);
25    Serial.println();
26
27    server.begin();                                     //启动 Web 服务器
28
29    pinMode(led1Pin, OUTPUT);                           //设置 LED1 引脚为为输出
30    pinMode(led2Pin, OUTPUT);                           //设置 LED2 引脚为为输出
31  }
32
33  void loop() {
34    newClient = server.available();                     //侦听接入的 Client
35    if (newClient) {                                    //是否有新 Client 接入
36      Serial.print("NEW Client connected. IP address is : ");
37      Serial.println(newClient.remoteIP());            //显示 Client 的 IP 地址
38
39      while (newClient.connected()) {                   //Client 是否一直保持连接
40        if (newClient.available() > 0) {                //是否从 Client 接收到数据
41          char c = newClient.read();                    //从接收缓冲区中读取字符数据
```

```
42          Serial.print(c);                    //将字符输出到串口监视器
43          receALL += c;                       //将字符添追加到 receALL
44          if (c == '\n') {                     //用于判断接收到的网页访问数据是否结束
45            if (receLine.length() == 0) {
46              getCommand();                    //分析从 Client 接收的数据❸
47              pageDisplay();                   //网页内容显示
48              break;
49            }
50            else {
51              receLine = "";                   //清空 receLine
52            }
53          }
54          else if (c != '\r') {
55            receLine += c;
56          }
57        }                                      //结束判断
58      }
59      newClient.stop();                        //断开与 Client 的连接
60      Serial.println("Client disconnected.");
61    }
62    ledControl();                              //控制 LED 灯的亮灭
63    receAll = "";                              //清空 receall
64  }
65
66  void getCommand() {                          //根据 URL 信息不同,给状态变量赋值❸
67    if ((receAll.indexOf("GET /LED1_on")) >= 0)
68      led1Flag = true;
69    else if ((receAll.indexOf("GET /led1_off")) >= 0)
70      led1Flag = false;
71    else if ((receall.indexOf("GET /led2_blink")) >= 0)
72      led2Flag = true;
73    else if ((receall.indexOf("get /led2_off")) >= 0)
74      led2Flag = false;
75    led1State = (led1Flag) ? "ON" : "OFF";
76    led2State = (led2Flag) ? "Blink" : "OFF";
77  }
78
79  void ledControl() {                          //根据状态变量控制 LED 灯的状态
80    digitalWrite(led1Pin, led1Flag);           //根据 led1Flag 值控制 LED 灯亮灭
81    if (led2Flag) {                            //根据 led2Flag 的值控制 LED 灯闪烁或熄灭
82      digitalWrite(led2Pin,((millis() % 400) > 200 ? HIGH : LOW) );
83    }
84    else {
85      digitalWrite(led2Pin, LOW);
86    }
```

```
87  }
88
89  // ==================================
90  //void pageDisplay() 参考步骤三示例
91  // ==================================
```

❶　　　程序中定义了两个布尔型状态变量,即 led1Flag 和 led2Flag,用于保存和传递按键的点击信息。后续程序中,根据变量的不同值控制 LED 灯的状态和网页信息显示。

❷　　　字符串对象 receAll 保存接收到的 HTTP 请求的全部内容信息,用于后续程序对 HTTP 请求中 URL 信息进行分析提取。

❸　　　当 Web 服务器接收 HTTP 请求完毕,首先需要对接收的信息进行分析,再通过 HTTP 响应信息发送给客户端,在浏览器页面上显示相应的内容。

　　　函数 getCommand( ) 采用 String 对象的 indexOf( ) 成员函数对保存 HTTP 请求信息的字符串对象 receAll 进行分析。

　　　单击"打开"按键,发送 HTTP 请求 URL 信息为"led1_on",led1Flag 值为 true;

　　　单击"闪烁"按键,发送 HTTP 请求 URL 信息为"led2_blink",led2Flag 值为 true;

　　　单击"关闭"按键,led1Flag 和 led2Flag 的值均为 false。

程序运行:程序运行按照如下顺序进行:

① 打开串口监视器,设置波特率为 115 200。

② 上传程序,将计算机连接到网络链接 ESP32。

③ 打开浏览器,在地址栏中输入"192.168.4.1"后回车。浏览器页面显示如图 6-14 所示界面。

④ 单击页面按键,观察 LED 灯状态的变化。

进阶提高:HTTP 响应页面中,控制一个 LED 灯有两个按键,尝试修改程序,通过修改按键上的文本显示,将两个按键控制简化为一个按键控制。

　　为了帮助读者更好地学习,本项目还提供了基于 STA 模式和采用 CSS 页面控制的示例,可从全国青少年机器人等级考试官网下载,链接为 http://www.kpcb.org.cn/h-nd-288.html。

6.4　项目二:Web 服务器读入数据

　　项目一基于 HTTP 协议访问 Web 服务器,通过 ESP32 内置的 Web 服务器去控制 ESP32 引脚输出,从而实现远程控制外部器件。

本节反过来,实现远程读入传感器的数值,并将数值在客户端浏览器页面上显示。

6.4.1　项目任务

本项目通过 ESP32 Web 服务器去读取 ESP32 外接按键开关和电位器的数值,并将数值在客户端浏览器页面上显示。

项目实现还是按照 TCP/IP 模型从下往上依次完成,和项目一不同,本项目采用 STA 方式建立 WiFi 连接,连接到现有的 WiFi 网络。和项目一类似,本项目分如下 4 个步骤实现:

- 步骤一:电路搭设;
- 步骤二:设定 STA 模式,连接到 WiFi;
- 步骤三:创建 Web 服务器;
- 步骤四:编写应用程序,读取并发送模块信息。

6.4.2　步骤一:电路搭设

所需器件:
- 按键开关模块　　　1 个
- 电位器模块　　　　1 个
- 3P 数据线　　　　　2 根
- 外部 WiFi(供步骤二使用)

电路搭设:模块连接如图 6 - 21 所示,电路原理图如图 6 - 22 所示。

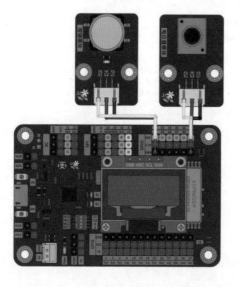
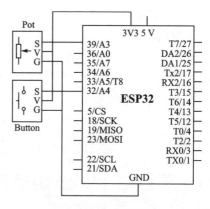

图 6 - 21　Web 服务器读取数据模块连接示意图　　图 6 - 22　Web 服务器读取数据电路原理图

6.4.3　步骤二：设定 STA 模式，连接到 WiFi

通过 WiFiSTAClass 类库提供的成员函数，将 ESP32 设置为 STA 模式，连接到当前的 WiFi。程序如下：

```
1   #include < WiFi.h >
2
3   const char * ssid      = "xxxxxxxx";
4   const char * password = "xxxxxxxx";
5
6   void setup() {
7     Serial.begin(115200);
8     Serial.printf("Connecting to % s\n ",ssid);
9
10    WiFi.begin(ssid, password);            //创建 STA,并连接到 SSID
11
12    while (WiFi.status() ! = WL_CONNECTED) {  //判断连接是否成功
13      delay(500);
14      Serial.print(".");
15    }
16    Serial.printf("\nWiFi connected\nip address: ");
17    Serial.println(WiFi.localIP());        //输出 STA 在当前网络中的 IP 地址
18  }
19
20  void loop(){
21  }
```

程序运行：程序运行按照如下顺序进行：

① 将当前 WiFi 网络的 SSID 和密码替换到程序行 3、4 中。

② 打开串口监视器，上传程序。程序上传成功，则串口监视器显示 ESP32 在当前网络中的 IP 地址为 192.168.43.252，如图 6 - 23 所示。对于不同网络，分配的 IP 地址不尽相同。

图 6 - 23　ESP32 设定为 STA，连接到当前 WiFi IP 地址示意

③ 将计算机连接到同一网络，使用 ping 命令查看计算机是否可以连接到 ESP32。

```
D:\> Ping 192.168.43.252

正在 Ping 192.168.43.252 具有 32 字节的数据：
来自 192.168.43.252 的回复：字节 = 32 时间 = 114 ms TTL = 255
来自 192.168.43.252 的回复：字节 = 32 时间 = 129 ms TTL = 255
来自 192.168.43.252 的回复：字节 = 32 时间 = 149 ms TTL = 255
来自 192.168.43.252 的回复：字节 = 32 时间 = 168 ms TTL = 255

192.168.43.252 的 Ping 统计信息：
    数据包：已发送 = 4,已接收 = 4,丢失 = 0（0% 丢失）,
往返行程的估计时间(以毫秒为单位)：
    最短 = 114 ms,最长 = 168 ms,平均 = 140 ms
```

至此,实现了以 STA 模式连接到现有 WiFi。

6.4.4　步骤三：创建 Web 服务器

Web 服务器的创建和项目一相同,使用 WiFiServer 对象和 WiFiClient 对象创建 Web 服务器,使用 WiFiClient 对象侦听 HTTP 请求。

6.4.5　步骤四：编写应用程序，读取并发送模块信息

本步骤实现和项目一步骤四中更新 LED 的状态类似,当 Web 服务器接收到的 HTTP 请求时,读取按键模块和电位器的值,将值实时更新,并通过 HTTP 发送到相应客户端浏览器的页面。完整程序如下：

```
1  # include < WiFi.h >
2
3  const int keyPin = 32;              //按键连接引脚
4  const int potPin = 39;             //电位器连接引脚
5  String keyState = "松开";           //网页显示按键状态
6  int potVal = 0;
7  String receLine = "";              //字符串对象,用于保存 Client 发送的每行数据
8
9  const char * ssid     = "xxxxxxxx";
10 const char * password = "xxxxxxxx";
11
12 WiFiServer server(80);             //定义 Web 服务器对象,端口默认为 80
13 WiFiClient newClient;              //定义客户端对象
14
15 void setup() {
```

```
16    Serial.begin(115200);
17    Serial.printf("Connecting to %s\n",ssid);
18
19    WiFi.begin(ssid, password);                        //创建 STA,并连接到 SSID
20
21    while (WiFi.status() != WL_CONNECTED) {            //判断连接是否成功
22      delay(500);
23      Serial.print(".");
24    }
25    Serial.printf("\nWiFi connected\nip address: ");
26    Serial.println(WiFi.localIP());                    //输出 STA 在当前网络中的 IP 地址
27
28    pinMode(keyPin, INPUT);
29    analogSetWidth(9);
30
31    server.begin(80);                                  //启动 Web 服务器
32  }
33
34  void loop() {
35    newClient = server.available();                    //侦听接入的 Client
36    if (newClient) {                                   //是否有新 Client 接入
37      Serial.print("New Client connected. IP address is : ");
38      Serial.println(newClient.remoteIP());            //显示 Client 的 IP 地址
39
40      while (newClient.connected()) {                  //Client 是否一直保持连接
41        if (newClient.available() > 0) {               //是否从 Client 接收到数据
42          char c = newClient.read();                   //从接收缓冲区中读取字符数据
43          Serial.print(c);                             //将字符输出到串口监视器
44          if (c == '\n') {                             //用于判断接收到的网页访问数据是否结束
45            if (receLine.length() == 0) {
46              getData();                               //读取按键和电位器的值
47              pageDisplay();                           //网页内容显示
48              break;
49            }
50            else {
51              receLine = "";                           //清空 receLine
52            }
53          }
54          else if (c != '\r') {
55            receLine += c;
56          }
57        }                                              //结束判断
58      }
59      newClient.stop();                                //断开与 Client 的连接
60      Serial.println("Client disconnected.");
61    }
62  }
```

```
63  void getData() {                        //读取电位器和按键开关的值,并设置按键状态
64    potval = analogRead(potPin);
65    keyState = (digitalRead(keyPin)) ? "松开" : "按下";
66  }
67
68  void pageDisplay() {      //网页内容显示
69    newClient.println("HTTP/1.1 200 OK");
70    newClient.println("Content - type:text/html");
71    newClient.println();
72    newClient.print(" < ! DOCTYPE html > ");
73    newClient.print(" < html > ");
74    newClient.print(" < head > ");
75    newClient.print(" < title > ESP32 Web Server < /title > ");
76    newClient.print(" < meta charset = \"utf - 8\" http - equiv =
77  \"refresh\" content = \"0.5\" > ");   //❶
78    newClient.print(" < style > html{text - align: center;} < /style > ");
79    newClient.print(" < /head > ");
80    newClient.print(" < body > ");
81    newClient.print(" < h2 > ESP32 web Server < /h1 > < br > ");
82    newClient.print(" < p > 按键状态 : < font color = \"blue\" > " + keyState
83    + " < /font > < /p > ");
84    newClient.print(String() + " < p > 电位器的值[0～511] :
85      < font color = \"blue\" > " + potVal + " < /font > < /progress);
86      value = \"" + potVal + "\"max = \"511\" > "/progress > < /p>");//❷
87    newClient.print(" < /body > < /html > ");
88    newClient.println();
89  }
```

❶   该行为 CSS 定义的元数据,其作用是让浏览器实现自动刷新,时间间隔为 0.5 s。

❷   该行为使用了 HTML 进度条标签<progress>。

程序运行:程序运行按照如下顺序进行:

① 将当前 WiFi 网络的 SSID 和密码替换到程序行 9、10 中。

② 打开串口监视器,上传程序。程序上传成功,则串口监视器显示 ESP32 在当前网络中的 IP 地址,该地址为 Web 服务器的 IP 地址。

③ 将计算机连接到同一网络。打开浏览器软件,在浏览器地址栏中输入 Web 服务器的 IP 地址,浏览器显示页面如图 6 - 24 所示。

④ 旋转电位器、按下或释放按键,网页以 0.5 s 间隔自动刷新显示当前的数值和状态。

图 6 - 24　ESP32 Web 浏览器输入页面示意

6.5　思考题

1. 互联网络主要是为了解决什么问题？请列出至少 5 个 TCP/IP 协议家族的协议名称。

2. IP 地址当前的主流版本是什么？是多少位的？目前 IP 地址正在向哪个版本过渡？

3. 端口号 Port 用处是什么？HTTP 协议的默认端口号是多少？

4. 互联网络通常采用什么工作模式？

5. URL、域名和 IP 地址的关系是什么？DNS 的作用是什么？

6. ESP32 支持哪 3 种 WiFi 工作模式？WiFi 连接一般需要用到的两个网络参数是什么？

7. ESP32 连接上 WiFi 之后，用什么函数能看到 ESP32 自己的 IP 地址？

8. Web 服务启动和 WiFi 连接这两个动作哪个在先？

9. HTML 脚本在客户端一般用什么软件来执行显示？HTML 脚本结构一般分成哪两个部分？

10. HTML 脚本可以用普通的文本编辑软件编辑吗？

11. 列出至少 5 种 HTML 标签。

12. CSS 的作用是什么？CSS 的作用是什么？

13. 编程时，要将 HTML 脚本由 ESP32 服务器端推送到客户端，一般用哪个函数？向客户端发送双引号时，需要用到哪个转义字符？可以将多行 HTML 脚本压缩在同一行输出吗？

14. 识别客户端 HTTP 请求结束的标志一般是什么？HTTP 响应消息结束的标志又是什么？

15. HTTP 请求有哪几种方法？用户客户端在按下 HTML 页面按钮时，一般会用什么方法调用对应的 URL？

第7章

步进电机

3D打印机是学校创客教室的基本配置,有了 3D 打印机就可以快捷地将产品的 3D 模型转变成实物,也为创意设计时的原型制作提供了方便。3D 打印根据使用材料和结构形式有很多种分类,大家有没有注意到,在 3D 打印机工作时,控制打印头精确移动的部件就是步进电机。

本章在讲述步进电机基本知识的基础上,通过编程和 AccelStep 步进电机库控制步进电机的精确定位转动。本章内容分为如下几个方面:

- 步进电机及其控制器的基础知识;
- 项目一:程序控制步进电机转动;
- 项目二:AccelStepper 步进电机库应用——恒速转动;
- 项目三:AccelStepper 步进电机库应用——梯形加减速转动;
- 项目四:AccelStepper 步进电机库应用——串口控制。

7.1 步进电机及其控制器的基础知识

7.1.1 步进电机

步进电机是一种将电脉冲信号转化为角位移(或线位移)的一种控制电机,是执行器。常见的步进电机如图 7-1 所示。

(a) 混合式步进电机　　(b) 带丝杆混合式步进电机　　(c) 24BJY48永磁式步进电机

图 7-1　常见步进电机图示

前面已经学习过的智能小车所采用的电机为直流电机,给电机驱动芯片传送控制信号后,电机就开始连续旋转运动,而步进电机则是一步一步转动的,每输入一个电脉冲信号,电机就转过一个角度。简单来说,Arduino 入门学习的 Blink 程序使 LED 灯按照一定的频率闪烁,LED 灯每亮灭一次就是一个脉冲,用该程序来控制步进电机。LED 灯每闪烁一次,步进电机就转动一个特定的角度,如果停止闪烁,步进电机就停止转动。

　　步进电机由脉动信号控制,能直接将数字信号转换成角位移或线位移。使用步进电机可以获得很高的位移精度,而且它具有快速转动和停止等特点,通过齿轮、同步带或丝杆,可以将转动转化为精确的直线运动。目前,在打印机、绘图仪、机器人、数控机床等设备上有着广泛的应用。

　　步进电机种类很多,按运动形式分类,可分为旋转式步进电机、直线步进电机和平面步进电机。按运行原理和结构形式分类,步进电机可分为 3 种,分别是反应式、永磁式和混合式。目前,广泛使用的是混合式步进电机,图 7 - 2 是常见混合式步进电机结构示意图。

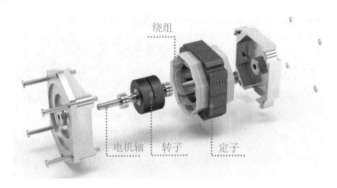

图 7 - 2　步进电机结构示意图

　　由图 7 - 2 可以看出,步进电机的结构由转子和定子组成。中央的转子可看作一块磁铁。而处在外围的定子绕上了几组线圈儿(称为绕组),图中定子内部黄色部分即为绕组线圈。当有脉冲电流通过线圈时即可产生磁场,作用于中央的转子,使其转动,直到两者的磁场方向一致为止。

7.1.2　步进电机的工作原理

　　图 7 - 3～图 7 - 5 是一台最简单的三相反应式步进电机的工作原理图,我们通过该图来介绍步进电机的基本术语。

　　图示该步进电机转子一共 4 个极,分别为 1～4。定子一共有 6 个极,实际中,每个极上都装有控制绕组(线圈),每两个相对的极组成一相,分别为 A 相、B 相、C 相。

1. 三相单三拍通电方式

　　当 A 相绕组通电时,在磁力作用下,转子 1 和 3 的轴线与定子 A 极轴线对齐,如

图 7-3(a)所示。同样道理,当 A 相断电、B 相通电时,转子便按逆时针方向转过 30°,于是转子 2 和 4 的轴线与定子 B 轴线对齐,如图 7-3(b)所示。如再使 B 相断电、C 相通电,则转子又将在空间里转过 30°,将使转子 1 和 3 的轴线与定子 C 极轴线对齐,如图 7-3(c)所示。如此循环往复,并按 A→B→C→A 的顺序通电,步进电机便按照一定的方向,一步一步地连续转动。步进电机的转速直接取决于控制绕组与电源接通、断开的变化频率。若按 A→C→B→A 的顺序通电,则步进电机将反向转动。

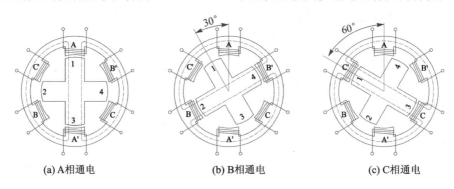

(a) A 相通电   (b) B 相通电   (c) C 相通电

图 7-3   三相单三拍通电方式工作示意图

步进电机定子的控制绕组每改变一次通电方式,称为一拍。此时步进电机转子所转过的空间角度,称为步距角。上述通电方式称为三相单三拍运行。"三相"即三相步进电机,具有三相定子绕组。"单"是指每次通电时,只有一相控制绕组通电。"三拍"是指经过 3 次切换控制绕组的通电状态为一个循环,第四次换接重复第一次的情况。很显然,在这种通电方式时,三相反应式步进电机的步距角为 30°。

2.三相双三拍通电方式

反应式步进电机采用三相双三拍通电方式运行,其工作原理如图 7-4 所示,其控制绕组按 AB→BC→CA→AB 或 AC→CB→BA→AC 顺序通电。即每拍同时有两相绕组同时通电,三拍为一个循环。但 A、B 两相绕组通电时,转子位置应同时考虑

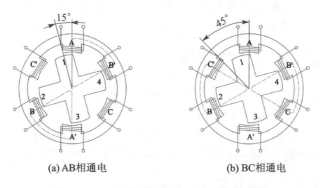

(a) AB 相通电   (b) BC 相通电

图 7-4   三相双三拍通电方式工作示意图

到两对定子极的作用,定子逆时针旋转 15°,如图 7 - 4(a)所示。若下一拍为 B、C 两相同时通电,则转子按逆时针方向转过 30°,达到新的平衡位置,如图 7 - 4(b)所示。

3.三相单、双六拍通电方式

反应式步进电机采用三相单、双六拍通电方式运行的工作原理如图 7 - 5 所示,其控制绕组按照 A→AB→B→BC→C→CA→A 或 A→AC→C→CB→B→BA→A 顺序通电。可以推算出,三相控制绕组需要经过 6 次切换才能完成一个循环,有时单个绕组接通,有时为两个绕组同时接通,因此称为"单、双六拍",有时也称为"全拍"。

由图 7 - 5 可知,反应式步进电机以单、双六拍通电方式运行时,其步距角为 15°。

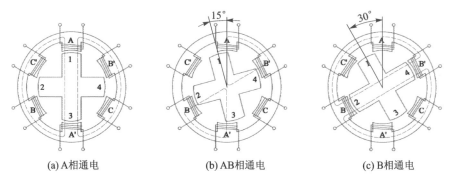

(a)A相通电   (b)AB相通电   (c)B相通电

图 7 - 5　三相单、双六拍通电方式工作示意图

由以上分析可见,同一台步进电机采用不同的通电方式,可以有不同的拍数,对应的步距角也不同。此外,对于六拍运行方式,每一拍也总有一项控制绕组持续通电,此时步进电机工作比较平稳。

7.1.3　步进电机的动态特性

控制步进电机时,每输入一个电脉冲信号,电机就转过一个角度。由此可知,当步进电机连续运转时,其转速与输入脉冲的频率成正比,改变脉冲的频率可以改变步进电机的转速。

在运行过程中具有良好的动态特性,是保证控制系统可靠工作的前提。在控制系统的控制下,步进电机经常做启动、制动、正转、反转等动作。这就要求步进电机的步数与脉冲数严格相等,既不丢步也不越步,而且转子的运动应当是平稳的。由于步进电机的动态特性不好或使用不当会造成运行中的丢步,这样,由步进电机的"步进"所保证的系统精度,就失去了意义。

无法保证步进电机转动步数与脉冲频率严格相等,电机运转时,运转的步数不等于理论上的步数,称为失步。

步进电机在一定负载下,不失步连续运行的最高频率称为电机的最高跟踪频率,其值越高,电机最大转速越高。

7.1.4　步进电机的特点

1．步进电机的优点

① 步进电机的角位移量（或直线位移量）与电脉冲数成正比，所以步进电机的转速（或线速度）也与脉冲频率成正比。在步进电机的负载能力范围内，其步距角和转速大小不受电压波动和负载变化的影响，仅与脉冲频率有关。因此，步进电机适用于在开环系统中作为执行元件。

② 步进电机控制性能好，通过改变脉冲频率的高低就可以在很大范围内调节步进电机的转速（或线速度），并能快速启动、制动和反转。若用同一频率的脉冲电源控制几台步进电机，则它们可以同步运行。

③ 步进电机每转一周都有固定的步数。在不丢步的情况下运行，其步距误差不会长期积累。即每一步虽然有误差，但转过一周时累积误差为零。这些特点使它完全适用于在数字控制的开环系统中作为执行元件，并使整个系统大为简化而又运行可靠。

④ 步进电机的步距角变动范围较大，在小步距角的情况下，可以不经过减速器而获得低速运行。

2．步进电机的缺点

步进电机的主要缺点是效率较低，而且需要配上适当的驱动电源，供给电脉冲信号。此外，步进电机难以运转到较高的转速。

7.1.5　步进电机的控制

步进电机作为执行元件，有开环和闭环两种控制形式。

步进电机系统的主要特点是能实现精确位移，精确定位，且无累计误差。若能准确控制输入指令脉冲的数量和频率，就能够完成精确的位置和速度控制，不需要系统的反馈，所以步进电机控制系统中一般采用开环控制系统。

步进电机的开环控制系统由直流电源、控制器（主控板）、驱动模块和步进电机组成。图 7-6 是常见的创客制作所使用的步进电机驱动模块。

若要控制步进电机转动，只要向步进电机驱动模块发送相应频率的脉冲信号，则步进电机就能根据脉冲数量转动对应数量的步距角，转动速度由频率确定。不同种类驱动模块及步进电机的驱动方式不同。

1．细分控制器

为了取得更好的控制精度，要求步距角必须很小，如 3D 打印需要达到 0.2mm/脉冲，而数控机床的精度要求更高。此时从步进电机本身来解决是有限度的，一般采用细分控制器。图 7-6(b) 所示的 4988 步进电机驱动模块有 4 种细分模式，分别为 2、4、

(a) ULN2003驱动模块

(b) 4988步进电机驱动模块

图 7-6　常见步进电机驱动模块图示

8、16 细分,即最大可以控制一个脉冲的转动角度为步距角的 1/16。

2.步进电机的加减速定位控制

步进电机驱动执行机构从一个位置向另一个位置移动时,要经历加速、恒速和减速过程,如果启动时一次提升到给定速度,则容易造成步进电机失步。步进电机常用加减速定位控制,即电机开始以低于最高启动频率的某一频率启动。然后再逐步提高频率,使电机逐步加速,从而达到最高运行频率;电机高速运转达到最终点前,降低频率使电机减速,这样就可以既快又稳定地准确定位,如图 7-7 所示。如果到终点时突然停止而没有减速控制,则由于惯性作用步进电机会发生过冲,从而影响位置控制精度。

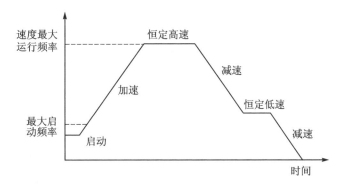

图 7-7　梯形加减速示意图

7.1.6　24BJY48 永磁式步进电机

为了便于讲解步进电机的工作原理,本书选用 24BJY48 永磁式步进电机,如图 7-8 所示。该步进电机的步距角有两种规格,分别是 5.626°和 11.25°。本套件选用的步距角为 11.25°,每转动一圈需要 32 个脉动。因为该步进电机带有减速齿轮,齿轮减速比 64:1,故转动一圈所需的脉冲数量为 2 048,计算步骤如下:

$$360/11.25 \times 64 = 2\,048$$

图 7-8 24BJY48 永磁式步进电机图示

基本参数：
- 额定电压：5 V。
- 步距角：11.25°/64。
- 相数：四。
- 驱动方式：四相四拍（八拍）。

24BJY48 永磁式步进电机拆解如图 7-9 所示。图 7-9(a)为减速齿轮，图 7-9(b)为定子和转子，定子上黄色部分为绕组。

(a) 减速齿轮

(b) 定子绕组线圈和转子

图 7-9 24BJY48 永磁式步进电机拆解示意图

24BJY48 永磁式步进电机有 5 根电源线，红色为电源线，其他 4 根线的颜色分别是橙色、黄色、粉色、蓝色，其线路连接示意图如图 7-10 所示。

24BJY48 永磁式步进电机对应的驱动模块为 ULN2003 驱动芯片，该芯片专用于控制步进电机，其工作原理如图 7-11 所示。ULN2003 是一组大电流驱动阵列，输入和输出保持一致，它可以承受很高的电流和电压。24BJY48 永磁式步进电机和 ULN2003 连接时的线序如图 7-11 所示。

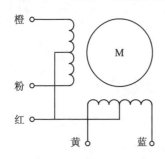

图 7-10 步进电机引线示意图

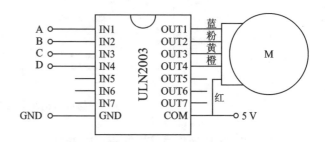

图 7-11 ULN2003 步进驱动电路原理图

7.2 项目一：程序控制步进电机转动

项目任务：通过程序控制，实现步进电机正转和反转。

所需器件：■ ULN2003 模块   1 个

- 24BJY48 永磁式步进电机　　1 个
- 电位器模块　　　　　　　　1 个
- 杜邦线　　　　　　　　　　若干

电路搭设：模块连接示意图如图 7-12 所示，电路原理图如图 7-13 所示。

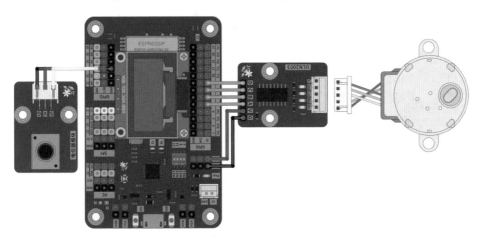

图 7-12　程序控制步进电机模块连接示意图

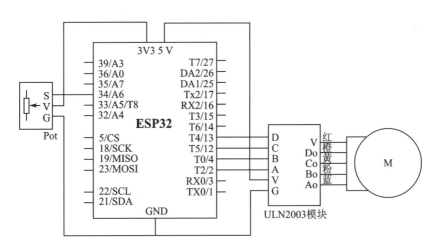

图 7-13 程序控制步进电机电路原理图

程序编写及说明：

```
1  const int motorPin1 = 12;          //对应 24BJY48 蓝色引线
2  const int motorPin2 = 13;          //对应 24BJY48 粉色引线
3  const int motorPin3 = 14;          //对应 24BJY48 黄色引线
4  const int motorPin4 = 15;          //对应 24BJY48 橙色引线
5  const int potPin = A6;             //电位器连接引脚
6  int motorSpeed = 3000;
```

```
7    int count = 0;                                        //保存步数
8    int countResolution = 512;                            //转动一圈的脉冲数❶
9
10   //int steps[] = {B1000, B0100,  B0010, B0001};        //单四拍❷
11   //int steps[] = {B1100, B0110,  B0011, B01001};       //双四拍❷
12   int steps[] = {B1000, B1100, B0100, B0110, B0010, B0011, B0001,
13   B1001};                                               //单双八拍❷
14
15   void setup() {
16     // put your setup code here, to run once
17     pinMode(motorPin1, OUTPUT);
18     pinMode(motorPin2, OUTPUT);
19     pinMode(motorPin3, OUTPUT);
20     pinMode(motorPin4, OUTPUT);
21     Serial.begin(115200);
22     analogSetWidth(10);                                 //设置模拟输入分辨率10,返回值 0～1023
23   }
24
25   void loop() {
26     int potVal = analogRead(potPin);                    //获取电位器的读数
27     //脉冲的暂停时间 0.3～20 ms 之间
28     motorSpeed = map(potVal, 0, 1023, 200, 20000);
29     Serial.printf(" potVal:%d - - Speed:%d\n", potVal, motorSpeed);
30
31     //通过脉冲计数判断是顺时针旋转还是逆时针旋转
32     if (count < countResolution )
33       clockWise();                                      //顺时针旋转❸
34     else if (count < countResolution * 2)
35       antiClockWise();                                  //逆时针旋转❸
36     else
37       count = 0;                                        //脉冲计数归零
38     count ++ ;
39   }
40
41   void antiClockWise(){                                 //逆时针旋转
42     int num = sizeof(steps) / sizeof(steps[0]);         //获取数组的长度
43     for (int i = 0; i < num; i ++ )
44     {
45       setOutput(i);                                     //设置绕组的通电方式❹
46       delayMicroseconds(motorSpeed);
47     }
```

```
48  }
49
50  void clockWise()                              //顺时针旋转
51  {
52    int num = sizeof(steps) / sizeof(steps[0]);  //获取数组的长度
53    for (int i = num; i > = 0; i -- )
54    {
55      setOutput(i);                              //设置绕组的通电方式❹
56      delayMicroseconds(motorSpeed);             //暂停时间
57    }
58  }
59
60  void setOutput(int out)                        //分别设置四相的高低电压❹
61  {
62    digitalWrite(motorPin1, bitRead(steps[out], 0));
63    digitalWrite(motorPin2, bitRead(steps[out], 1));
64    digitalWrite(motorPin3, bitRead(steps[out], 2));
65    digitalWrite(motorPin4, bitRead(steps[out], 3));
66  }
```

❶　24BJY48 永磁式步进电机旋转一周的脉冲数为 2048,程序中 countResolution 的初始化值为 512,这是因为 steps 数组定义了每拍各脉冲的控制信号,数组 steps 有 4 个元素,每个元素对应一个脉冲,所以,总的脉冲数为 512×4＝2048 个。

❷　程序 10～13 行对应的是步进电机的 3 种通电方式,分别是四相单四拍、四相双四拍、四相单双八拍。

数组"int steps[] ＝ {B1000, B0100, B0010, B0001};"通电方式为四相单四拍,对应一个通电循环的通电顺序为 A→B→C→D。

数组"int steps[] ＝ {B1100, B0110, B0011, B01001};"通电方式为四相双四拍,对应一个通电循环的通电顺序为 AB→BC→CD→DA。

数组"int steps[] ＝ {B1000, B1100, B0100, B0110, B0010, B0011, B0001, B1001};"通电方式为四相单双八拍,对应一个通电循环的通电顺序为 A→AB→B→BC→C→CD→D→DA。

❸　要控制步进电机的正转和反转,分别从 steps[]数组的第一个元素,依次执行,步进电机正转。从 steps[]数组的最后一个元素开始,逆序执行,步进电机反转。

❹　函数 setOutput 输出数组中的每个元素对应的通电顺序控制信号。

程序运行:打开串口监视器,旋转电位器,查看电位器数字和步进电机转速的变化关系。

切换程序行 10~13 中的 3 种状态,当电位器数字不变时,查看步进电机速度的变化,用手拧住步进电机输出轴,感受不同状态扭矩的变化。

7.3 项目二:AccelStepper 步进电机库应用——恒速转动

项目一通过编程使用电位器模块控制步进电机的正转、反转以及加速、减速。在项目执行中发现,如果程序执行其他任务,则步进电机的转速会受到影响。此外还会发现,当连续执行正转和反转后,步进电机的起始位置点会发生偏移,究其主要原因是步进电机转动方向发生变化时没有相应的加速和减速过程,这样容易导致失步。

本项目介绍如何使用 AccelStepper 类库来控制步进电机,通过该库加深对步进电机控制的了解。

AccelStepper 步进电机库的功能强大,具有如下几个特点:
■ 可以实现两相、三相、四相步进电机的单、双拍控制;
■ 实现了步进电机运行过程中的加速度控制;
■ 实现了多个步进电机的协同运动。

AccelStepper 步进电机库文件为 AccelStepper - 1.59.zip。

AccelStepper 控制步进电机有两种运动方式,分别是恒速转动、梯形加速转动。
■ 恒速转动:步进电机以设定的速度恒定转动。
■ 梯形加速转动:启动时,步进电机以设定的加速度逐渐加速,恒定阶段以设定的最大转速转动,停止时,步进电机以设定的加速度逐渐减速,防止失步,如图 7-7 所示。

项目任务:通过 AccelStepper 库,控制步进电机库以恒定的速度转动。

所需器件: ■ ULN2003 模块　　　　　　　1 个
　　　　　 ■ 24BJY48 永磁式步进电机　　1 个
　　　　　 ■ 杜邦线　　　　　　　　　　若干

电路搭设:模块连接如图 7-12 所示,电路原理图如图 7-13 所示。

程序编写及说明:

```
1  #include < AccelStepper.h >
2  const int motorPin1 = 12;          //对应 24BJY48 蓝色引线
3  const int motorPin2 = 13;          //对应 24BJY48 粉色引线
4  const int motorPin3 = 14;          //对应 24BJY48 黄色引线
5  const int motorPin4 = 15;          //对应 24BJY48 橙色引线
6  const int stepMode = 4;            //单拍(全步):4    双拍(半步):8
7
8  //定义步进电机对象
```

```
9  AccelStepper stepper(4, motorPin1, motorPin3, motorPin2, motorPin4);
10 //❶
11
12 void setup(){
13   stepper.setMaxSpeed(800);                      //设置最大速度❷
14   stepper.setSpeed(400);                         //设置恒定速度❸
15   Serial.begin(115200);
16 }
17
18 void loop(){
19   stepper.runSpeed();                            //启动步进电机恒速转动❹
20   Serial.println(stepper.currentPosition());❺
21 }
```

❶　　定义库对象实例。库对象支持多种步进电机,通过不同参数的设置实现两相、三相、四相步进电机的单、双拍控制。

24BJY48 永磁式步进电机为四相,相应的对象定义如程序所示,具体说明如下:

> AccelStepper (mode, pin1,pin2,pin3,pin4);
>
> mode: 单拍(全步):4　　双拍(半步):8
>
> pin1～pin4:整型数,ULN2003 模块对应的控制引脚。注意,控制引脚的顺序为 in1、in3、in2、in4。

❷　　setMaxSpeed()函数设置步进电机转动的最大允许速度,是 AccelStepper 类库的初始化函数之一,不可缺少。函数调用格式为:

> setMaxSpeed (val);
>
> 返回值:无
>
> val:浮点数,设置步进电机的最大运行转速,为每秒运行的脉冲数量。该数值也是梯形加减速平稳运行的最大转速。

❸　　setSpeed()函数设置步进电机恒定转动时的速度值。函数调用格式为:

> setSpeed (val);
>
> 返回值:无
>
> val:浮点数,步进电机恒定转动时的速度值。数值为正时,正向旋转;数值为负时,反向旋转。速度值不得大于 setMaxSpeed()函数设定的最大值。

❹ runSpeed() 函数启动步进电机以 setSpeed() 函数设定的速度值恒定转动。首次启动时,初始化步进电机位置为 0。每运行一次 runSpeed(),步进电机转动一个步距角。为了确保步进电机以设定的速度转动,在 loop() 程序中,不要使用 delay() 延时函数。函数调用格式为:

```
runSpeed();
返回值:无
```

❺ currentPosition() 函数返回当前的位置值,位置值为对应初始化位置的脉冲数。函数调用格式为:

```
currentPosition();
返回值:长整型,返回当前步进电机的位置值。
```

程序运行:打开串口监视器,实时查看步进电机转动时的位置值。

修改程序,尝试通过电位器控制恒定转速的值。

7.4 项目三:AccelStepper 步进电机库应用——梯形加减速转动

项目任务:通过 AccelStepper 类库,控制步进电机按照梯形加减速方式转动。

所需器件:与项目二同。

电路搭设:模块连接如图 7 - 12 所示,电路原理图如图 7 - 13 所示。

程序编写及说明:

```
1   # include "AccelStepper.h"
2   //定义步进电机引脚
3   const int motorPin1 = 12;              //对应 24BJY48 蓝色引线
4   const int motorPin2 = 13;              //对应 24BJY48 粉色引线
5   const int motorPin3 = 14;              //对应 24BJY48 黄色引线
6   const int motorPin4 = 15;              //对应 24BJY48 橙色引线
7   const int stepMode = 4;                //单拍(全步):4    双拍(半步):8
8   //定义步进电机对象
9   AccelStepper stepper(stepMode, motorPin1, motorPin3, motorPin2, motorPin4);
10
11  void setup() {
12    stepper.setMaxSpeed(800.0);
13    stepper.setAcceleration(50.0);       //步进电机最大速度 800
14    Serial.begin(115200);                //步进电机加速度 50.0❶
15  }
```

```
16
17 void loop() {
18     //实现步进电机的循环转动,全拍 stepMode = 4 时,旋转一周
19     //半拍 stepMode = 8 时,旋转半周
20     if ( stepper.currentPosition() == 0 ) {
21         stepper.moveTo(2048);                        //设置目标位置为 2 048❷
22     }else if ( stepper.currentPosition() == 2048 ) {
23         stepper.moveTo(0);                           //设置目标位置为 0
24     }
25 Serial.println(stepper.currentPosition());
26     stepper.run();                                   //电机梯形加减速运行❸
27 }
```

❶　　　setAcceleration() 函数设置步进电机转动时的加速度。采用梯形加减速控制步进电机转动时,该函数不可缺少。函数调用格式为:

> setAcceleration(val);
> 返回值:无。
> val: 浮点型,步进电机的加速度值,该值必须大于 0。

❷　　　moveTo() 函数设置步进电机运转的目标位置,和 run() 函数配套使用。函数调用格式为:

> moveTo(val);
> 返回值:无
> val: 长整型,步进电机的目标位置,为相对于初始基准位置的脉冲数量。val 数值为负时,反方向旋转。函数运行时,自动计算下一步的运行速度。

AccelStepper 步进电机库还提供了 move() 函数。该函数的功能是相对于当前位置,转动指定的脉冲数量。函数调用格式为:

> move(val);
> 返回值:无
> val: 长整型,步进电机相对于当前位置的脉冲数量。val 数值为负时,反方向旋转。函数运行时,自动计算下一步的运行速度。

❸　　　run() 函数启动步进电机按照设定的加速度和最大速度运转。该函数必须和 moveTo() 函数配合运行。函数调用格式为:

> run();
> 返回值:无

程序运行：打开串口监视器，实时查看步进电机转动时的位置值。

修改程序加速度的数值，查看步进电机的转动状况。

7.5 项目四：AccelStepper 步进电机库应用——串口控制

项目任务：通过串口，控制步进电机精确转动到指定位置。

项目任务：与项目二同。

电路搭设：模块连接如图 7-12 所示，电路原理图如图 7-13 所示。

程序编写及说明：

```
1   # include "AccelStepper. h"
2   const int motorPin1 = 12;                    //对应 24BJY48 蓝色引线
3   const int motorPin2 = 13;                    //对应 24BJY48 粉色引线
4   const int motorPin3 = 14;                    //对应 24BJY48 黄色引线
5   const int motorPin4 = 15;                    //对应 24BJY48 橙色引线
6   const int stepMode = 4;                      //单拍(全步):4    双拍(半步):8
7   int moveFlag = 1;                            //移动标记位
8   AccelStepper stepper(stepMode, motorPin1, motorPin3, motorPin2, motorPin4);
9
10  void setup() {
11    stepper. setMaxSpeed(800);                 //步进电机最大速度 800
12    stepper. setAcceleration(50);              //步进电机加速度 50
13    Serial. begin(115200);
14    stepper. setCurrentPosition(0);            //设置初始位置❶
15    Serial. println("输入新的位置值 0-归位:");
16  }
17
18  void loop() {
19    while (Serial. available() > 0)  {
20      int newPosition = Serial. parseInt();    //获取输入的整数
21      moveFlag = 0;
22      Serial. printf("正移动到新的位置: % d\n", newPosition);
23      stepper. moveTo(newPosition);            //移动到新位置
24    }
25    if ((stepper. distanceToGo() ! = 0)) {     //❷
26      stepper. run();                          //Move Stepper into position
27    }
28    if ((moveFlag == 0) && (stepper. distanceToGo() == 0)) {
29      Serial. printf("移动到指定位置! \n\n");
30      Serial. println("输入新的位置值 [0-归位]: ");
31      moveFlag = 1;
32    }
33  }
```

❶　setCurrentPosition()函数用于设置当前位置为指定值。当值为 0 时，将当前位置设为基准位置。函数调用格式为：

> setCurrentPosition(val);
>
> 返回值:无
>
> val：长整型,当前位置的指定值,当值为 0 时,为基准位置。

❷　distanceToGo()函数返回当前位置到目标位置之间的脉冲数。函数调用格式为：

> distanceToGo (val);
>
> 返回值:长整型,返回当前位置到目标位置之间的脉冲数。

　　程序运行：打开串口监视器,在输入框中输入相应的数字,步进电机安装梯形加减速运动到指定位置,当输入值为 0 时,步进电机会到初始化基准点。运行界面如图 7 - 14 所示。

图 7 - 14　串口控制步进电机转动界面示意图

7.6　项目五：AccelStepper 步进电机库应用——多步进电机同步控制

　　AccelStepper 步进电机库除了提供步进电机的恒速和梯形加减速控制外,还提供了多个步进电机的同步运动控制。该库最多支持 10 个步进电机的位置同步控制。

　　关于多步进电机同步可以参考 AccelStepper 库提供的例程 MultiStepper.ino,本节不再详细讲述。

7.7 思考题

1. 什么是步进电机? 步进电机有哪些分类? 步进电机的特点是什么?
2. 以三相单双六拍方式运行的步进电机中,相、单双、拍的含义是什么?
3. 说说步距角的含义。
4. 如何改变步进电机的速度?
5. 什么是失步? 如何避免失步?
6. 如何通过 AccelStepper 库来控制步进电机恒速、加减速运动?

第8章　蓝牙迷宫智能小车

在前面章节学习的基础上,本章将综合运用所学知识,结合 ESP32 蓝牙功能和中断,制作能够精确定位的蓝牙迷宫智能小车。通过蓝牙功能,我们可以通过 APP 对小车进行短距离遥控,通过码盘中断计数实现对小车运动姿态的精确控制,为参加比赛和创意制作打下良好基础。

本章内容分为如下几个方面:

- PID 控制器简介;
- 小车动起来;
- 通过码盘控制小车行走距离;
- 通过码盘控制小车直线行走;
- 通过码盘控制小车按指定线路行走;
- 蓝牙迷宫机器人。

8.1　PID 控制器简介

机器人的控制根据是否对输出量进行检测和反馈,可分为开环控制和闭环控制。三、四级教材中循迹归航小车是基本的闭环控制。本项目要实现小车运转姿态的精确控制,同样要采取闭环控制。

控制理论的发展也经历了古典控制理论、现代控制理论和智能控制理论 3 个阶段。在工程实际中,PID 控制器以其结构简单、稳定性好、工作可靠、调整方便而成为工业控制的主要技术之一。

PID 控制器的全称是比例-积分-微分控制器,由比例(P)控制、积分(I)控制和微分(D)控制组成,如图 8-1 所示。P 是单词 Proportional 的首字母,I 是单词 Integral 的首字母,D 是单词 Differential 的首字母。

PID 控制器是通过传感器测量当前值,并与目标值进行比较,得到偏差值,然后对偏差值进行比例、积分、微分运算,最终达到偏差趋于零的过程。

在实际控制中,比例(P)控制是必须的,再根据是否需要积分(I)控制和微分(D)控制,衍生出多种组合,如 PD、PI、PID。

比例(P)控制:控制器的输出值=K_p×偏差值,K_p 为比例系数,偏差值为目标

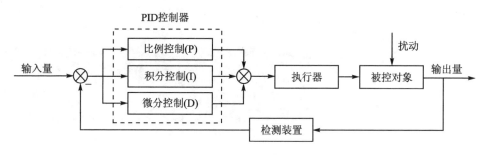

图 8-1 PID 控制器示意图

值和当前值的差值。比例控制是为了提高反应的速度,但会产生稳态误差,K_p 值越大,稳态误差越小,控制系统越容易振荡。

积分(I)控制:一般不单独使用,与比例(P)控制或 PD 控制配合使用,I 控制的目的是消除稳态误差。

微分(D)控制:一般不单独使用,与比例(P)控制或 PI 控制配合使用,D 控制的目的是改变响应的速度,消除振荡,使目标稳定的速度更快。

PID 控制综合了 P 控制、PI 控制、PD 控制的所有优点。

下面以控制自动驾驶小车沿着蓝色路线行走为例,说明 PID 控制各控制单元的作用。自动驾驶小车的控制是通过对方向盘的旋转角度进行 PID 控制实现的。

图 8-2 为比例(P)控制,图 8-2(a)中 K_p 值较大,产生振荡,但稳态误差较小;图 8-2(b)中的 K_p 值较小,也产生振荡,但稳态误差较大。

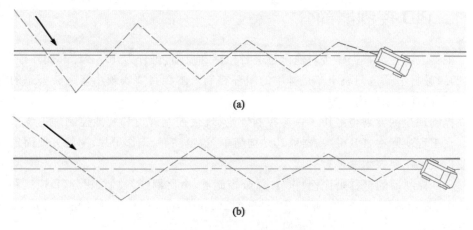

图 8-2 比例(P)控制示意图

图 8-3 为 PI 控制,和 P 控制相比,PI 控制能消除稳态误差,小车能沿着预定的直线行走。图 8-4 为 PID 控制,PID 控制和 PI 控制相比,提高了反应速度,消除了振荡,自动小车稳定得更快。

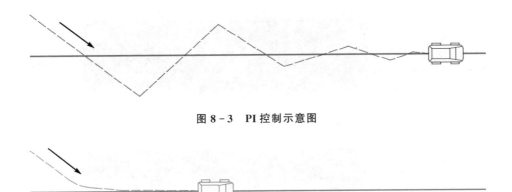

图 8-3 PI 控制示意图

图 8-4 PID 控制示意图

8.2 项目一：小车动起来

从网站下载小车搭建说明文档，下载链接为 http://www.kpcb.org.cn/h-nd-288.html。

8.2.1 主控板电机驱动

有了三、四级控制智能小车的基础，这里不再讲述直流电机及电机驱动芯片的工作原理。

本套件采用的依旧是 TT 电机，电机驱动芯片采用的是 DRV8837。电机驱动芯片在主控板的位置如图 8-5 所示，共采用两块 DRV8837，每块控制小车单侧的 TT 电机；为了保持车体稳定，单侧提供了两个电机接口，共用相同的控制信号。

电机的控制引脚和电机驱动芯片通过拨码开关的关闭来控制，原理图如图 8-6 所示。使用时先将电机驱动拨码开关拨到打开位置。由原理图 8-6 可知，两路电机分别由 GPIO4、GPIO13 以及 GPIO2、GPIO27 来控制。

DRV8837 电机驱动芯片主要参数如下：

■ 工作电压 VM：≤11 V；

■ 控制电压 VCC：1.8～5.5 V；

■ 最大工作电流：1 A。

DRV8837 电机驱动逻辑表如表 8-1 所列。

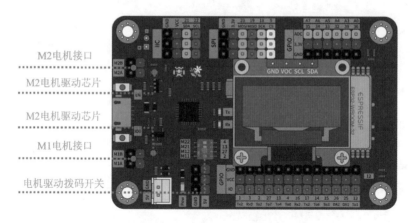

图 8-5　主控板电机驱动示意图

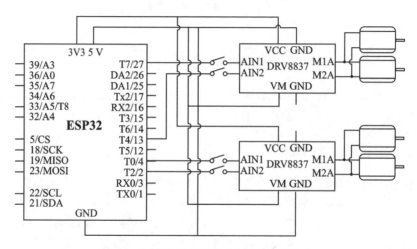

图 8-6　主控板电机驱动电路原理示意图

表 8-1　DRV8837 电机驱动逻辑参数表

IN1	IN2	OUT_MA	OUT_MB	描　述
0	0	—	—	—
0	1	L	H	正转
1	0	H	L	反转
1	1	L	L	刹停

由表 8-1 可知,通过两个引脚可以控制电机的正反转和停止。如果高电平引脚输出 PWM 信号,则可实现对电机速度的控制。

8.2.2　按键调速小车

项目任务：通过按键控制小车运动启停，通过电位器模块控制小车的运动速度。

所需器件：
- ESP32 主控板　　　　　　　1 个
- TT 电机及车轮　　　　　　4 个
- 小车结构主板及附件　　1 套
- 按键模块　　　　　　　　1 个
- 电位器模块　　　　　　　1 个

智能小车搭设：

- 智能小车搭设参考网站下载安装步骤说明文档；
- 按键模块连接引脚 GPIO14；
- 电位器模块连接引脚 A0。

程序编写及说明：

```
1   # include "ssd1306.h"                        //导入 SSD1306 库
2   # include "ssd1306_console.h"
3   ssd1306Console  console;                     //定义控制台对象实例
4   //引脚定义
5   const int pinA1 = 2;                          //右侧电机控制引脚
6   const int pinA2 = 4;
7   const int pinB1 = 13;                         //左侧电机控制引脚
8   const int pinB2 = 27;
9   const int speedPin = A3;                      //速度调节引脚
10  const int keyPin = 14;                        //按键连接引脚
11  const int ledPin = 12;
12  int leftPWM = 900;                            //左侧电机速度
13  int rightPWM = 900;                           //右侧电机速度
14  int preKeyVal = 0;                            //保存先前的按键值
15  int keyState = 1;                             //保存按键状态值
16  boolean keyFlag = false;                      //按键状态变量
17  unsigned long preTime = 0;                    //保存 millis()返回值
18  int debounceDelay = 10;                       //设定消抖时间间隔
19
20  void setup() {
21    ssd1306_128x64_i2c_init();                  //初始化 SSD1306 OLED 显示屏
22    ssd1306_clearScreen();
23    ssd1306_setFixedFont(ssd1306xled_font6x8);
24
25    pinMode(keyPin, INPUT);
26    pinMode(ledPin, OUTPUT);
27    // channel0~3 参数设置 fre:5000  bits = 10
28    ledcSetup(0, 5000, 10);
29    ledcSetup(1, 5000, 10);
```

```
30    ledcSetup(2, 5000, 10);
31    ledcSetup(3, 5000, 10);
32
33    ledcAttachPin(PinA1, 2);              //引脚关联
34    ledcAttachPin(PinA2, 3);
35    ledcAttachPin(PinB1, 0);              //引脚关联
36    ledcAttachPin(PinB2, 1);
37
38    analogSetWidth(10);                  //设置模拟输入采样位数 0~1 023
39  }
40
41  void loop() {
42    getKeyState();                       //判断按键是否按下,将值保存到状态变量 keyFlag
43
44    if (keyFlag) {
45      int val = analogRead(speedPin);
46      leftPWM = val;
47      rightPWM = val;
48      forward();
49      console.printf("Speed: %d\n", val);
50      digitalWrite(ledPin, HIGH);
51    }
52    else {
53      Stop();
54      digitalWrite(ledPin, LOW);
55    }
56  }
57
58  void forward() {                       //小车前进
59    ledcWrite(0, leftPWM);
60    ledcWrite(1, 0);
61    ledcWrite(2, rightPWM);
62    ledcwrite(3, 0);
63  }
64
65  void backward() {                      //小车后退
66    ledcWrite(0, 0);
67    ledcWrite(1, leftPWM);
68    ledcWrite(2, 0);
69    ledcWrite(3, rightPWM);
70  }
71
72  void turnLeft() {                      //小车左转
73    ledcWrite(0, 0);
74    ledcWrite(1, 0);
```

```
75    ledcWrite(2, rightPWM);
76    ledcWrite(3, 0);
77  }
78
79  void turnRight() {              //小车右转
80    ledcWrite(0, leftPWM);
81    ledcWrite(1, 0);
82    ledcWrite(2, 0);
83    ledcWrite(3, 0);
84  }
85
86  void rotateLeft() {             //小车原地左转
87    ledcWrite(0, 0);
88    ledcWrite(1, leftPWM);
89    ledcWrite(2, rightPWM);
90    ledcWrite(3, 0);
91  }
92
93  void rotateRight() {            //小车原地右转
94    ledcWrite(0, leftPWM);
95    ledcWrite(1, 0);
96    ledcWrite(2, 0);
97    ledcWrite(3, rightPWM);
98  }
99
100 void Stop() {                   //小车停止
101   ledcWrite(0, 1);
102   ledcWrite(1, 1);
103   ledcWrite(2, 1);
104   ledcWrite(3, 1);
105 }
106
107 //======================================
108 //void getKeyState() 参考第 2 章项目五步骤二示例
109 //======================================
```

　　程序运行：上传程序，单击按键则小车前进，首次运行时，调整小车同侧两个车轮的转向，确保向前。如车轮对应的电机转速反向时，则将该电机和主控板连接的两根电源线位置互换。电机启动后，旋转电位器，则电机的速度随之变化，此时 SSD1306 OLED 显示屏实时显示当前的速度对应的 PWM 值。修改程序，控制小车前进、后退、左转、右转、原地左转、原地右转。

8.3 项目二：码盘数据读取

8.3.1 码盘及码盘光电模块

要实现小车位置和转速的精确控制，需要采用闭环控制，实时收集电机的运动状况。本项目采用码盘、光电对管及中断控制实现电机旋转数据的读取。

码盘和光电对管图片如图 8-7 所示。

图 8-7 码盘和码盘光电模块图示

套件配套码盘的栅格线数为 112，码盘和 TT 电机的电机轴相连。码盘光电模块安装在小车底板上，安装完毕，码盘位于光电模块的 U 型槽中。光电模块 U 型槽两侧有两个缝隙，一侧发出红外光，一侧接收红外光。当没有阻断时，返回值为 0，阻断时，返回值为 1。当 TT 电机带动码盘旋转时，码盘上的栅格线不停地切断红外光。切断一次代表 TT 电机车轮旋转一圈的 1/112，这样就可以通过读取码盘光电模块的返回值计算出小车轮旋转的圈数，圈数乘以车轮的周长即可到达小车行驶的距离。

由于 TT 电机的电机轴回转误差较大，小车的运动控制为匀速控制，如要精确控制小车的行驶距离，则需要更换回转误差较小的电机，在运动控制上采用梯形加减速运动控制，减少因为启动打滑而造成的误差。

8.3.2 车轮旋转圈数计算

项目任务：使用码盘和码盘光电模块，通过中断程序计算两侧车轮旋转的数量。

所需器件：■ 码盘   2 个

　　　　　■ 码盘光电模块   2 个

电路搭设：左侧码盘光电模块连接 D16 引脚，右侧码盘光电模块连接 D17 引脚。

程序编写及说明:

```
1   //本程序基于项目一程序基础上修改,重复部分不再显示
2
3   // 在项目一的基础上,初始化部分增加如下语句
4   const int leftInterPin = 16;                        //左侧光电对管引脚❶
5   const int rightInterPin = 17;                       //右侧光电对管引脚❷
6   intleftSum = 0;                                     //记录左侧码盘数据❶
7   intrightSum = 0;                                    //记录右侧码盘数据❷
8   boolean countFlag = false;                          //计数状态变量
9
10
11  void setup() {
12
13      //在项目一的 setup()函数中增加如下语句
14      pinMode(leftInterPin, INPUT);                   //❶
15      pinMode(rightInterPin, INPUT);                  //❷
16
17      attachInterrupt(leftInterPin, leftCount, RISING);    //❶
18      attachInterrupt(rightInterPin, rightCount, RISING);  //❷
19  }
20  // 中断回调函数
21  void leftCount() {                                  //❶
22      leftSum ++ ;
23  }
24  void rightCount() {                                 //❷
25      rightSum ++ ;
26  }
27
28  void loop() {
29      //将项目一的 loop()函数内程序修改为如下内容
30      getKeyState();                                  //调用函数检测状态变量
31  if (keyFlag) {
32      countFlag = false;
33      int val = analogRead(speedPin);
34      leftPWM = val;
35      rightPWM = val;
36      forward();
37      console.printf("L: % d  R: % d\n", leftSum, rightSum );
38      digitalWrite(ledPin, HIGH);
39  }
40  else {
```

```
41      Stop();
42      digitalWrite(ledPin, LOW);
43      if (countFlag == false) {
44        countFlag = true;
45        console.printf("\nL: %.2f R: %.2f\n", leftSum / 112.0, rightSum / 112.0 );
46      }
47      leftSum = 0;
48      rightSum = 0;
49    }
50  }
```

❶ 设置左侧车轮码盘连接引脚、码盘读数存储变量、中断回调函数、中断模式为上升沿。

❷ 设置右侧车轮码盘连接引脚、码盘读数存储变量、中断回调函数、中断模式为上升沿。

程序运行：单击按键开关，则车轮开始旋转，SSD1306 OLED 显示屏实时显示当前码盘中断函数的返回值。再次单击按键，则车轮停转。SSD1306 OLED 显示屏显示车轮转动的圈数，如图 8-8 所示，左侧码盘读数为 234，右侧为 211，左侧车轮旋转了 2.53 圈，右侧车轮旋转了 2.29 圈。

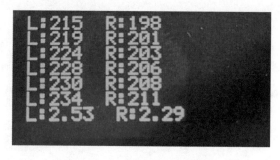

图 8-8 左右码盘读数图示

程序进阶：在此程序的基础上，尝试实现如下功能：
- 控制小车行驶指定的距离；
- 控制小车转动指定的角度。

8.4 项目三：通过码盘控制小车直线行走

项目任务：利用两个码盘，采用比例（P）控制实现小车直线行走。单击按键，则小车启动，行驶 2 s 后小车停止。旋转电位器，调整比例参数（P），控制小车沿直线方向行走。

所需器件：同项目二。

电路搭设：同项目二。

程序编写及说明：

```
1    //本程序基于项目二程序基础上修改,重复部分不再显示
2
3    // 在项目二的基础上,初始化部分增加如下语句
4    unsigned long currentTime = 0;                          //保存当前的时间
5    int second = 2000;                                      //小车前进的时间,预设为 2 s
6    float p = 0;                                            //比例调节系数
7
8    void loop() {
9      //将项目二的 loop()函数内程序修改为如下内容
10     getKeyState();                                        //调用函数检测状态变量
11     if (keyFlag) {
12       if (countFlag == true) {
13         currentTime = millis();
14         countFlag = false;
15       }
16       if ((millis() - currentTime) < second ) {
17         digitalWrite(ledPin, HIGH);
18         int val = analogRead(speedPin);
19         p = val / 50.0;                                   //❶
20         int nP = (leftSum - rightSum) * p;                //❶
21         rightPWM = leftPWM + nP;                          //❶
22         forward();
23         console.printf(" %.2f L: % d R: % d\n", p, leftSum, rightSum);
24       }
25       else {
26         keyFlag = ! keyFlag;
27       }
28     }
29     else {                                                //小车停止,指示灯熄灭,码盘读数存储变量值归零
30       Stop();
31       digitalWrite(ledPin, LOW);
32       countFlag = true;
33       leftSum = 0;
34       rightSum = 0;
35     }
36   }
```

❶ 　　为了调节两侧电机速度相等,此处采用了比例(P)控制,以左侧电机的 PWM 数字为基准,将两侧电机码盘返回值的差值乘以系数 P,用该结果来调整右侧电机的 PWM 值,以达到两侧同步的效果。

　　系数 P 由电位器的输入值确定。程序中 P 的值在 0～20 之间变化。

　　当右侧电机的码盘计数大于左侧电机时,PWM 调整参数 nP 为负值,rightPWM 值随之减小,从而达到减速同步的目的。反之,当右侧电机的码盘计数小于左侧电机时,PWM 调整参数 nP 为正值,rightPWM 值随之增大,从而达到加速同步的目的。

　　程序运行:上传程序,单击按键,则小车启动,旋转电位器旋钮,调整 P 值,在 SSD1306 OLED 显示屏上查看调整后的左右两侧码盘的读数。P 值越大时,左右两侧的同步性能越好,但会观察到小车摆动加剧。程序运行如图 8-9 所示,两侧电机基本保持同步了。

　　通过实际测试选择并确定合适的 P 值,供后续的程序使用。

　　对比小车实际行走的距离和车轮圈数之间的关系,观察每次小车运动的距离是否一致。

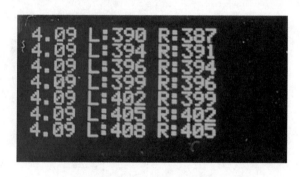

图 8-9　左右码盘同步图示

8.5　项目四:通过码盘控制小车按指定形状行走

项目任务:

■ 控制小车行走边长为 60 cm 的正方形。

■ 当小车直线行走时,根据码盘的读数可以换算程行走的长度。

■ 当小车原地左转或右转时,左右两侧车轮的转向相反,码盘读数相同,通过读取码盘的读数,可控制小车旋转的角度。

所需器件:同项目二。

电路搭设:同项目二。

程序编写及说明:

```
1   //本程序在项目三程序基础上修改,重复部分不再显示
2
3   // 在项目三的基础上,初始化部分语句如下
4   float p = 8;                                    //比例调节系数 ❶
5
6   //loop 函数代码更改为如下
7   void loop() {
8       getKeyState();                              //调用函数检测状态变量
9       if (keyFlag) {                              //如果按键按下
10          for (int i = 0; i < = 3; i++) {         //❷
11              carControl(1, 330, 1000);           //直行
12              carControl(2, 123, 1000);           //转 90 度
13          }
14          keyFlag = ! keyFlag;                    //状态变量取反,小车停止运动
15      }
16      else {
17          Stop();
18          digitalWrite(ledPin, LOW);
19          leftSum = 0;
20          rightSum = 0;
21          int val = analogRead(speedPin);
22          console.printf(" % d \n", val);
23      }
24  }
25  // ============================
26  //    功能:指定小车的运行状态,并通过码盘的返回值控制 启停
27  // 参数:direction 控制小车的方向,1 - 前进,2 - 原地左转,3 - 原地右转
28  //         encodeNum 当码盘读数达到该数值时,小车停止
29  //         delayTime 小车的暂停时间
30  // ============================
31  void carControl(int direction, int encodeNum, int delayTime)
32  {
33      while (leftSum < = encodeNum) {             //判断如果码盘返回值小于目标值
34          digitalWrite(ledPin, HIGH);
35          int nP = ((leftSum - rightSum) * p);    //根据 P 参数调整 pwm
36          rightPWM = leftPWM + nP;
37          switch (direction) {                    //direction 代表小车的运动方向
38              case 1:
39                  forward();                      //前进
40                  break;
41              case 2:
```

```
42          rotateLeft();//原地左转
43          break;
44       case 3:
45          rotateRight();//原地右转
46          break;
47       }
48    console.printf("%.2f L:%d R:%d\n",p, leftSum, rightSum);
49    }
50  Stop();
51  leftSum = 0;
52  rightSum = 0;
53  digitalWrite(ledPin, LOW);
54  delay(delayTime);
55 }
```

❶ 根据项目三的调试,本项目采用固定的比例参数 P 为 8,可自行调整。

❷ 通过循环 4 次实现小车的正方形行走,每次循环动作由一段直线行走和 90°原地左转组成。直线行走 60 cm 对应的码盘读数为 330,原地左转 90°对应的码盘读数为 123。

程序运行:上传程序,单击按键,则小车启动。根据场地状况,调整直行阶段和原地右转阶段的码盘读数,直至基本满足要求。在调试过程中,小车每次的运动轨迹有一定的偏差,分析产生偏差的原因,并提出相应的解决方法。

8.6 项目五:蓝牙迷宫小车

第 4 章学习了 ESP32 的蓝牙功能,通过蓝牙来发送报文。本章前几个项目介绍了如何通过中断获取的码盘读数,实现小车的姿态闭环控制。本项目结合已学知识,利用手机蓝牙和 ESP32 间的相互通信,通过 APP 来控制小车的运动。本项目主要讲述 iTEAD Bluetooth Robot Panel 的使用和数据读取,读者可结合已学知识自行编写完整程序。

8.6.1 iTEAD APP 安装

本项目使用的 APP 为 iTEAD Studio 开发的 iTEAD Bluetooth Robot Panel,其只能在安卓手机使用。

APP 下载链接为:http://www. kpcb. org. cn/h-nd-288. html。下载并安装 iTEAD APP,安装后图标如图 8 - 10 所示。

图 8 - 10　iTEAD APP
示意图

iTEAD APP 有两种工作模式,分别为操控模式和调试模式。下面分别介绍这两种模式的使用。

8.6.2　iTEAD APP 操控模式

操控模式使用步骤如下：

① 打开 ESP32 for Arduino 配套的蓝牙示例程序 SerialToSerialBT. ino,设定自己的用户名和密码后上传。打开串口监视器窗口,等待接收按键数据。

② 手机和蓝牙模块配对。进入手机,单击"设置",找到蓝牙界面,如图 8‐11 所示,在"可用设备"栏找到 ESP32 对应的用户名并单击,输入配对密码后显示配对成功。

图 8‐11　手机蓝牙配对窗口示意图

③ iTEAD APP 设置。打开 iTEAD 软件,进入软件主控界面。按照如图 8‐12 所示步骤进行操作。

首先单击屏幕右上方的 Android 菜单按键"┆",则弹出设置菜单。注意,不同品牌手机的 Android 菜单按键操作不同。选择已经配对的蓝牙进行连接。

按照图 8‐12 单击"设置",则进入设置界面,这里显示主控窗口中每个按键所对应的值,建议采取默认值。根据程序设计决定是否选中回车和换行选项。

④ 返回 iTEAD APP 主界面,单击按键,则相应的键值显示在串口监视器中。

8.6.3　iTEAD APP 调试模式

调试模式使用步骤如下：

① 打开 ESP32 for Arduino 配套的蓝牙示例程序 SerialToSerialBT. ino,设定自己的用户名和密码后上传。打开串口监视器界面,等待接收按键数据。

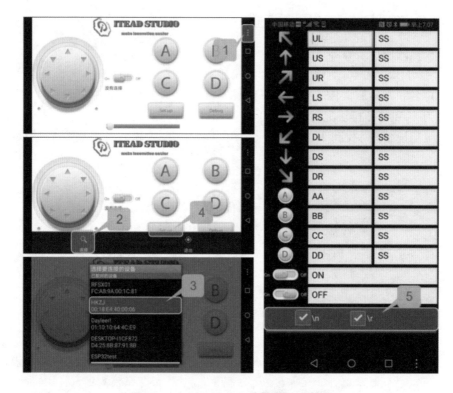

图 8 – 12　iTEAD APP 设置窗口示意图

② 单击 iTEAD APP 主操作界面的 Debug 按键，则进入调试模式。首先选择
ESP32 对应的蓝牙用户名，进入调试模式界面，如图 8 – 13 所示。

③ 发送和接收信息。调试模式可以在两个设备之间通过蓝牙互相发送和接收
信息。可以通过在文本框中发送报文来驱动小车。以图 8 – 13 文本框内容为示例，
在文本框中输入报文"F100:L123:F100:R123:F200"。该报文示意如下：

- F100：F 表示小车直行前进，长度为 100 个码盘单位；
- L123：L 表示小车原地左转，左转角度为 123 个码盘单位，约为 90°；
- R123：L 表示小车原地右转，右转角度为 123 个码盘单位，约为 90°；

上面的报文向小车发送行走的形状为"z"形的指令。

结合第 4 章的蓝牙通信、报文解析，以及本章的小车控制，读者可以通过编程分
别在操控模式和调试模式下对小车的运动进行精确控制。

图 8 – 14 是一个 4×4 的井字格迷宫，可以使用舵机、超声波传感器以及
MPU6050 姿态传感器，使小车自己走出迷宫。

图 8 – 13　iTEAD APP 调试模式界面示意图

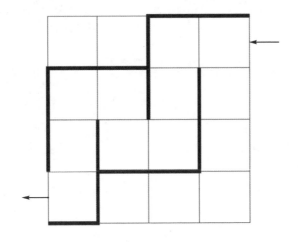

图 8 – 14　4×4 迷宫示意图

8.7　思考题

1. PID 控制器包含哪几种控制,各自的作用是什么?
2. 如何通过码盘计算行走距离?
3. 如何通过 P 控制来控制小车行走直线?
4. 如何通过蓝牙通信来控制小车运动?

参考文献

[1] 乐鑫信息科技. ESP32 技术参考手册. 2018.

[2] Rui Santos and Sara Santos. learn ESP32 with Arduino IDE.

[3] Neil Kolban. Kolban's Book on ESP32.

[4] Arduino Cookbook. Arduino 权威指南[M]. 杨昆云,译. 北京:人民邮电出版社,2019.

[5] 程晨. Arduino 开发实战指南:AVR 篇[M]. 北京:机械工业出版社,2012.

[6] 《无线电》编辑部. 创客电子制作入门[M]. 北京:人民邮电出版社,2017.

[7] 杜增辉,孙克军. 图解步进电机和伺服电机的应用与维修[M].北京:化学工业出版社,2018.